算你狠！

職場心理掌控術

丁偉軒 著

他說「可能」的意思就是「一定」，
他說「隨便」的意思就是
「要按照他的意思百分之百地執行」。
一切按規矩辦事，在工作場合中只能說是一種美德。

大拓

贏家：13

算你狠！職場心理掌控術

編著　丁偉軒
出版者　大拓文化事業有限公司
執行編輯　林美娟
美術編輯　林子凌

總經銷　永續圖書有限公司
劃撥帳號　18669219
地址　22103 新北市汐止區大同路三段一九四號九樓之一
TEL　（〇二）八六四七—三六六三
FAX　（〇二）八六四七—三六六〇
E-mail　yungjiuh@ms45.hinet.net
網址　www.foreverbooks.com.tw

CVS代理　美璟文化有限公司
TEL　（〇二）二七二三—九九六八
FAX　（〇二）二七二三—九六六八

法律顧問　方圓法律事務所　涂成樞律師

出版日◇二〇一三年五月

國家圖書館出版品預行編目資料

算你狠！職場心理掌控術 / 丁偉軒編著. -- 初版.
-- 新北市 : 大拓文化, 民102.05
面 ;　公分. -- (贏家 ; 13)
ISBN 978-986-5886-26-4(平裝)
1.職場成功法 2.工作心理學
494.35　　102007887

前言 Foreword

職場上，你選擇了工作，就選擇了被要求。這個世界上，沒有一份工作是白拿薪水而不被要求的。對付各種類型的上司，用什麼方法都可以，只要能保證自己「有飯吃」。如果你碰到這種長官，他說「也許」的意思就是「必須」，他說「可能」的意思就是「一定」，他說「隨便」的意思就是「要按照他的意思百分之百地執行」。那麼你就得在不得罪對方的前提下，達到你的目的。但無論如何，和上司說話、辦事一定要小心謹慎。如果因爲害怕說錯話，就不向上級回報問題，那麼不說的後果比說錯更爲嚴重。

職場就是人場，工作上只要可以得到任何幫助，都不要輕易放過。說不定在那些不起眼的小人物當中就隱藏著有才幹的人，能幫你更大的忙。別以爲冷廟的菩薩不靈，其實英雄落難、壯士潦倒，都是常見的事。

除此之外，平時在與同事交往中，不妨特別與某些紅人建立較爲密切的關係，其實你只不過是適當地提醒對方幫忙而已。當然，要是後門也走不通，我們不妨變通一下，「扯上關係就是勝利」。一切按規矩辦事，在工作場合中只能說是一種美德。

即便真遇到被長官擺道的狀況，我們也不要悲觀失望，或是關起門來感嘆自己時運不濟。俗話說：「變則通，通則久。」塞翁失馬，焉知非福，這或許正是下一步成功的開始和契機。記住，任何時候都不要讓工作主導，失去了自我，更千萬不要把分享隱私當成打造親密同事關係的途徑。

在職場，除了一方面心腸要夠狠，另一方面也要掌握好忠誠二字。放任忠誠變質的後果，就是搬石頭砸自己的腳。忠於團隊利益，忠於家人，最重要的是忠於自己的道德標準。每每詭譎多變、陰險狡詐的戰事來到尾聲之後，人性自然顯露而出的單純和忠誠，總是亙古不變的生存價值。

第一章 做能臣還是奸臣，要針對上司的類型而定

第三章　你不保護自己，沒人會保護你

不努力工作，就只能努力找工作　136
林東旭工作非常努力，很快就被提拔為銷售部總經理。剛開始還是很努力，時間一久，就經常有朋友對他說：「你太無聊囉？你那麼拼命老闆也不知道啊……

◆瀑布心理：禍從口出，安全第一　139

該說的才說，不該說的不要說　140
克利丹．斯特任職的電子公司只是一個小公司，時刻面臨著某大規模電子公司的壓力，處境很艱難……

吐苦水，千萬別找公司裡的人　144
一位剛進公司不久的新人，因為受了點上司的窩囊氣，就像上司的秘書訴苦。沒想到頻頻附和他的秘書，一轉身就向頂頭上司打小報告……

逃離八卦圈，越遠越好　147
平日暗中競爭的同事成了上司，總讓人有那麼一點不舒服的感覺。跟小李同部門的幾個同事開始在背後嘀咕……

第四章　警惕底線，繞開職場地雷

誰的鋒頭都可以搶，就是不能搶上司的鋒頭　201

國王下令逮捕了財政大臣。幾個月後，這名財政大臣被控侵佔國家財產。事實上，他被指控的罪行全部都曾獲得國王的許可……

越級報告講求的是技巧　204

淑麗催促數次後，直屬主管才向上司提出報告。但從管理階層的反應看起來，主管完全淡化並誤導了淑麗的想法……

永遠讓上司感覺到他比你優越　207

小劉終於受不了了，決定直接向總經理提出自己的方案。另一廂，為人低調的小王選擇跟主管一起商量……

◆蟹爪效應：在團體利益之前，先放下私利　211

忠於老闆，就是為自己爭取利益　212

在他剛失業的前幾天，接到了奇怪的電話。電話裡的人希望他願意提供一些前公司的機密……

在老闆面前要「先做事後做人」　216

大家都怕得罪同事，雖然明知確實有人這樣做，並且連拜訪記錄都作假，但就是沒人敢說……

算你狠！
職場心理掌控術

第一章

做能臣還是奸臣，要針對上司的類型而定。

Being Vicious in
The Workplace

◆答布效應：記住，你的角色屬性由上司決定

所謂答布效應是說：人們的行為必須服從一定的法則和角色規範。生活在這樣一個大社會中，每個人都有滿足自我需要的過程。因此，為了滿足自我需要，就必須按照角色來導演自己的行為。

我們知道，每個人都不是單純的個體，而是依存著整個社會過日子的生命共同體。既然在這個大舞台上，每個人都扮演著一定的角色，那麼「導演」又是誰呢？

在家裡，你扮演著父親的角色，所以你必須懂得身為家長的要求，表現出良好的風範，才能引導孩子發展為良好角色。假如你是一位教師，那麼你在各方面就應當符合為人師表的風範。同樣地，在公司裡你扮演著員工的角色，所以老闆就是你的導演。

既然你扮演員工，你就應該聽從導演的安排，讓自己的行為符合「導演」的要求。只有這樣，工作才能井然有序的進行，各個員工也才能安然立足於公司的體制之下。

長官換了，角色就得換

剛剛說明過答布效應的意思就是：每個人都有自己的生存需要，爲了滿足需求，我們就得按照「導演」的要求來詮釋角色。因爲，只有讓導演滿意了，你的角色才能過關，而你自己也才能安然生存。

所謂「一朝天子一朝臣」、「識時務者爲俊傑」，這也是答布效應所要表達的重點。所以說，我們既然要安全地生存下去，就要根據形勢，適時轉換自己的角色，讓自己做「變色龍」。

漢惠帝六年，相國曹參去世。陳平升任左丞相，安國侯王陵擔任右丞相，位在陳平之上。

王陵、陳平同朝為相的第二年，漢惠帝去世，太子劉恭即位。由於少帝劉恭還是個嬰兒，不可能處理政事，呂后便名正言順地代天子臨朝，主持朝政。

呂后為了鞏固自己的統治，打算封娘家侄兒為諸侯王，首先徵詢右丞相王陵的意見。王陵性情耿直，直截了當地說：「漢高帝劉邦在世時，殺白馬與大臣們立下盟約：非劉氏而王，天下共擊之。而今若要立呂氏族人為王，便是違背了高帝的盟約。」

呂后聽了很不高興，轉而詢問左丞相陳平的看法。陳平說：「高帝平定天下之後，便分封劉氏子弟為王。而今太后臨朝，分封呂氏子弟為王也沒什麼不可以。」呂后點了點頭，顯然對這個答案感到十分滿意。

散朝後，王陵責備陳平，說陳為奉承太后愧對高帝。聽了王陵的責備，陳平一點兒也沒生氣，反而真誠地勸了王陵一番。

陳平看得很清楚，在當時的情況下，根本不可能阻止呂后封諸呂為王。眼下只有先保住自己的官職，才能和諸呂長期鬥爭。因此當下不宜觸怒呂后，暫且迎合她，以後再伺機而動，方為上策。

事實證明，陳平的策略是高明的。呂后因惱恨直言進諫的王陵，於是假意提拔王陵做少帝的老師，實際上卻奪去了他的相位。

王陵被罷相之後，呂后便將陳平升為右丞相，同時任命親信辟陽侯審食其為左丞相。陳平知道呂后狡詐陰毒，生性多疑，大臣們如果鋒芒畢露，就會因為功高震主而遭到猜疑，導致不測。因此陳平必須韜光養晦，讓呂后放鬆對自己的警覺，才能保住地位。

呂后的妹妹呂須，因惱恨陳平替劉邦謀劃擒拿她的丈夫樊噲，多次在呂后面前進讒言：「陳平身為丞相不理政事，每天老是喝酒，耽溺於遊樂之中。」呂后聽人報告陳平的行為，喜在心頭，認為陳平貪圖享受，不過是個酒色之徒。有一回，她竟然當著呂須的面和陳平套交情說：「俗話說，婦女和小孩子的話，萬萬不可聽信。你和我是什麼關係，用不著怕呂須的讒言。」

就這樣，陳平將計就計，假意順從呂后。呂后每回提議封呂氏子弟為王，陳平無不從命。他費盡心機固守相位，暗中保護劉氏族人，靜靜等待恢復劉氏政權的時機。

西元前一八〇年，呂后一死，陳平就與太尉周勃合謀，誅滅呂氏家族，擁立代王為孝文皇帝，恢復了劉氏天下。

一個人不管是在職場還是官場，最重要的是要弄清楚：你既然有頂頭上司，行爲就要符合他爲你所定下的基準，畢竟整個公司他最大。如果不懂得根據上司的角色適時調整自己，那麼結局就會和王陵一樣，被上司排除在外。

同樣地，在職場上你既選擇了工作，就選擇了被要求。世界上沒有一份工作是白拿薪水而不需要被要求的。就像故事中的陳平，既然呂后是「主」，你要「拿薪水」、要生存，就要按照呂后的要求來辦事。

所以說，在工作場合中，我們的角色和行爲必須跟著長官的改變而改變。只有這樣，我們才能保證自己「有一碗飯可以吃」。

長官在上，小的做得好，都是因為您教得好

做奸臣還是做能臣，要根據上司的要求來決定。但不管是奸臣還是能臣，都起碼保證我們能安全生存。如果成了一個恃才傲物的蠢臣，那麼等待他的，或許就是死路一條了。

三國時的許攸，本來是袁紹的部下。雖說是一名武將，卻足智多謀。官渡之戰時，他向袁紹獻策，可惜袁紹不聽，於是他一怒之下投奔了曹操。曹操聽說他來了，連鞋都沒顧得穿上，光著腳便出門迎接，鼓掌大笑道：「足下遠來，我的大事成矣！」可見此時曹操對他很器重。

後來，在擊敗袁紹、佔據冀州等一連串戰事中，許攸果然立了大功。他自恃有功，在曹操面前便開始不知檢點起來。有時甚至當著眾人的面直呼曹操的小名，說道：「阿瞞要是沒有我，是得不到冀州的！」

曹操在人前不好發作，只得強笑著說：「是，是，你說得沒錯。」但心中早已十分惱恨。

可惜許攸並沒有察覺，還是恣意地信口開河。

終於有一次，許攸隨著曹操進入鄴城東門時，他對身邊的人自誇道：「曹家要不是因為我，是不可能在這個城門進進出出的！」

這回曹操終於忍耐不住，將他殺掉了。

不管你的功勞有多大，你如果頭上有長官，就千萬不能在眾人面前，尤其是在上司面前，奪了上司的「光芒」。否則就會得到像許攸一樣的下場。

有些上司最看不上喜歡自吹自擂的人，有了一點點成績，就心高氣傲，不思進取，這樣是不會得到提拔和重用的。所以下屬與上司相處，一定要掌握分寸。

儘管有時上司在某一方面確實遠不如你，作爲下屬的你還是要十分注意。在你與上司當面說話的時候，不要咄咄逼人，不要冷嘲熱諷；背地裡說話也不要評頭論足；更不要讓上司當眾出醜，使他感到如芒刺在背。要知道這些都是蔑視上司的行爲，你很容易便被上司認爲你是一個恃才傲物、喜歡頂撞權威的人，接踵而來的便是對你不信任。

通常來說，這些恃才傲物，頂撞權威的下屬，往往都是出類拔萃或有過極大功勞的人。他們往往有恃無恐，認爲自己很了不起，上司沒有自己不行，於是，便開始在上司面前狂妄起來，殊不知這樣做竟詆毀了上司的尊嚴，結果就可想而知了。

所以說，在職場中，不管你才高八斗也好，功勳卓著也罷，學會在長官面前低頭，將功勞讓給上司。這麼做總是好處多多，受益無窮。

好的東西，每一個人都喜歡。越是好吃的東西，越是捨不得給別人，這是人之常情。要是你有遠大的抱負，就不要斤斤計較自己究竟佔有多少功勞，而應大大方方地把功勞讓給你身邊的人，特別是讓給你的上司。這樣，做了一件事，你感到喜悅，上司臉上也光彩，以後也會得到更多建功立業的機會。否則，忙著打眼前的算盤，急功近利，只會得罪身邊的人，將來一定會吃虧。

但要注意的是，對不居功這件事絕不可到處宣傳，如果不能做到這一點，倒不如不讓功。將功勞歸於別人這件事，讓功者本人是不適合宣傳的，自我宣傳總有些邀功請賞、不尊重上司的味道，千萬使不得。宣傳你「不居功」的事，只能由被讓者來宣傳。雖然這樣做有點埋沒了你的才華，但你的同事和上司總有機會設法還你這筆人情債，給你一份獎勵的。因此，要做就做到底，不要讓人覺得你的讓功是別有居心。

將自己的功勞歸於上司，把本該屬於自己的焦點悄悄地轉移給上司。擅長處理上下級關係的人，都會對淡化自己的功勞，不顯山不露水。特別是在必要的時候，如果你能將一切功勞、成績、好名聲都歸之於上司，那麼，你離晉升也就不遠了。

徒弟變長官：服軟才是硬道理

在人事的升遷過程中，經常出現這樣情況：在某同事升遷之前，你們是同期進公司的同事，甚至他是你的徒弟。但有一天他升遷了，更重要的是他的資歷還沒有你深。遇上這種情況，你會怎麼做？服軟還是不服軟？

我們且來看一個例子。

振國是公司裡的老員工，上班兢兢業業，為人和善，人際關係良好，但最近他遇到了麻煩：徒弟變成了上司，這讓他很不適應。

「七年了，我到這裡七年了。人們常說七年之癢，我大概是癢起來了吧。我這個人，對當官不感興趣，所以當別人為了升職削尖腦袋往前鑽的時候我一點也不動心，當別人因為沒有得到想要的職位而慨嘆時我也沒感覺。

「我一直以來就享受著身為基層業務的愉悅，與世無爭，認真工作，與上司、同事都保持平等而互相尊重的關係，我很知足，也很滿意。可是前一段時間，小楊當上了我的頂頭上司，這一切就改變了。他進公司還不到兩年，剛進公司時還是我帶他的呢。就業務能力而言，我算得上是他的師父。其實誰當上司我都無所謂，可是那個小楊真不是個省油的燈啊，自從當上了部門經理之後，就以長官自居了，一副了不起的樣子，經常以命令口吻指揮這個指揮那個，對老同事更是非常不尊重。我實在看不過去，就跟他說了兩次，有一次還差點吵起來。

「前一段時間，我的工作出了點小錯誤，他竟然在開會的時候直接指責我，完全不留一點情面，弄得我相當尷尬。我知道他不過是借題發揮，想嗆明他才是長官，要我百分之百服從尊重他。但我真的快受不了了！」

在公司裡，人事任命往往會帶來某些矛盾情緒。振國就是因爲自己曾經指導過的「徒弟」晉升頂頭上司以後，對自己頤指氣使，因而深感困擾。公司裡的老員工勞苦功高，往往也需要更多情緒上的撫慰。一旦必須聽命於曾經不如自己的小員工，心理就很容易失衡。然而作爲新上司，好不容易能揚眉吐氣，手中又握有一定的權力，自然希望下屬都能服服貼貼，尊重他的意見，認同他的權威。這是很矛盾的，兩方都是從自己的立場出發，都希望對方尊重自己。

這樣的問題在外資企業或許不是那麼明顯，因爲外資企業一般多以能力凌駕一切，年齡並不是升遷的重點，年紀大而未獲升遷者，反而會變得謙虛。但在傳統或本土企業裡，習慣講究職場倫理與年資，倚老賣老的情形比較明顯，年輕上司與年老下屬之間的矛盾也更突出。按照中國人傳統的行事方式，如果下屬很年輕，卻公然批評年長的下屬，老員工在面子上會掛不住，其他的人更會認爲這個上司不近人情，處理問題不懂得利用方法。以致於年輕的上司總是被老員工牽制，最終導致能力無法施展。

實際上，新上司通常不太敢貿然與老同事公開對抗，畢竟這樣做有失身份和形象，而且一旦出現衝突，自己的勝算也不會很大。於是部分新上司總愛利用職權之便，在工作上讓老同仁心裡難受。如果對方不是那麼桀驁不馴，他便會想些方式提醒對方：「該收斂一點了，你要知道我才是老大。」如果對方鐵齒不信邪，根本不把他當回事，他便會下狠招，直接嗆明：「現在是我當家，你最好聽我的。如果不能忍受你就走人好了，我不會留人的。」

爲了避免新上司的冷凍大法，資深員工千萬不要倚老賣老，而應低調一點，多站在主管的立場上考慮，適時服軟。即使自己什麼都比他強：經驗比他豐富，業務能力比他好，看問題比他深入，眼光更獨到……就算這樣，也切忌心高氣傲。你尊重他，他會加倍地尊重你；相反，如果你忽視他，永遠不用正眼瞧他，那麼他不能忍受的時候，也就是你被冷凍的時候。

◆功能固著效應：抓住上司的個性，「軟繩牽著牛鼻子」

所謂「功能固著」，指的是人們對事物的既定印象：當一個人已經習慣某件事有某種慣常功用後，便很容易受到制約，很難再看出其他新用途。尤其若初次接觸的功用越重要，接下來就越難發現其他功用，這種現象在心理學上被稱作功能固著。

實際上，功能固著效應講的是一種囿於舊經驗與舊理論的效應。在生活中，我們要學會「反」功能固著。遇到問題不妨多從不同的角度、不同的方向去考慮。只有這樣，才能使問題更加容易解決。也就是說，我們在遇到問題時不僅要能隨機應變，尋找答案，鍛鍊思維的靈活性，更要學會善於駕馭現場條件，因地制宜、因陋就簡、因人而異的解決當前所面臨的問題。

比如說，在工作場合中，很多人就養成了「功能固著」效應，老是認為員工和上司之間的共事模式，就是由上司拿主意，而員工對於「控制」上司這件事完全沒有主動權。其實，這是錯誤的。只要我們能做到「反功能固著心理」，凡是因人而異，抓住上司的個性，這樣一來什麼樣的上司，我們都能相處，並且處得很好。

狹隘型上司：他小氣你就得大氣

所謂狹隘，也就是人們常說的氣量狹小、心胸狹隘。那麼，在工作場合中，如果遇見心胸狹隘的上司，我們應該如何與之相處呢？

大度得體好相處

與心胸狹隘的上司相處，自己首先應該大度得體，培養容人之短的雅量，多看上司的長處，避免放大上司的缺點和不足。多從大局出發去思考問題，將上司對自己的嚴格要求當做完成工作的動力，力爭圓滿達成上級交辦的各項任務。執行過程中應該多請示彙報，多聽取上級的意見，求得上司的理解、支持與指導。對待上司的批評要虛心接受，有則改之，無則嘉勉。如果在工作場合中和上司產生意見分歧，不能隨意頂撞，而是要尋找適當時機和場合，採用比較婉轉的方式，誠懇地說出自己的意見，讓上司感受到你的真誠無私，以便共同營造團結和諧的工作環境。

主動架起信任之橋

遇到心胸狹隘的上司，的確不是一件令人愉快的事情，但也並非完全無法與之融洽相處。下屬可以積極與上司溝通想法，主動架起信任的橋樑。在工作場合中大膽展示自己的才華，在生活中謙虛謹慎，與人為善，求得周圍同事包括上司的理解與信任。

以柔克剛融堅冰

下屬無法選擇自己的上司，所以與心胸狹隘的上司相處，一定要本著增進團結、維護領導威信的原則為人為事。當上司對自己有誤解時，不要意氣用事地與之發生正面衝突，也不要意志消沉，一蹶不振。採取以柔克剛的方法融化堅冰、盡釋前嫌，做到在想法上多溝通，工作上多支持，生活上多關心，禮節上多尊重。畢竟人心都是肉做的，你如此以德報怨，必能慢慢化解上司對自己的感情隔閡和嫉妒之心。

換位思考改善關係

與心胸狹隘的上司相處，應該經常換位思考，多從對方的角度想問題，這樣做有助於抑制消極情緒。身為下屬尤其應該注意的是，要始終明白對方是自己的上司，處處應尊重他，服從他，維護他；要謙虛謹慎，凡事多請示，多彙報，多求教；要培養寬廣的胸懷和良好的涵養，理解和支持上司的決定，做到全盤考慮問題。一般來說，只要下屬積極主動地做好化解衝突、消除隔閡和改善關係，就能夠逐步得到上司的理解與認同。

不要針鋒相對

有一個小故事。有位老師在白布上畫了一個小黑點，然後問學生看見了什麼。

同學們異口同聲地說：「一個小黑點！」

老師卻說：「不！這首先是一塊大白布！為什麼你們僅僅看見那個小黑點而看不到

這塊白布呢？」

這個故事告訴我們：看問題不能一葉障目。看人也是如此。如果我們緊緊盯著上司的小黑點，對他的優點和長處視而不見，當然難以融洽相處。彼此矛盾卻針鋒相對，你看我不順眼，我就看你不舒服，最後只會越鬧越僵。所以，對心胸狹隘或者有其他缺點的上司，明智之舉就是看其本質、看其長處、看其優點。若是發生衝突，就應該多反省自身的不足，不能把責任都推到別人身上。

總之，身爲下屬，首先應該尊重上級，服從長官，凡事多檢討自己的不足，既不能誇大上司的弱點，對其長處視而不見，也不能把所有的問題都歸就爲上司的缺點，更不能把上司的批評一概視爲跟自己過不去。須知，就算是心胸狹隘的上司，也懂得考慮大局，發揮下屬的長處，更不會處處與人結怨。

虛僞型上司：他虛僞你比他更虛僞

他說「也許」的意思就是「必須」，他說「可能」的意思就是「一定」，他說「隨便」的意思就是「要按照他的意思百分之百執行」。你永遠不能以他的字面意思來領會他的真實意圖，否則就等著以「不服上級」之罪論處。對於這樣表面遷就和善，而內心霸道專橫的虛僞上司，我們這些做下屬的到底該如何面對呢？難不成遇到虛僞型上司就跳槽？但是在職場中，虛僞型上司數量多得驚人，又有多少地方可以讓我們跳槽？如果到了新職場還是遇見老問題該怎麼辦？

虛僞型上司所渴望的人際關係

被人們誤解爲虛僞的上司們，往往堅守這樣的原則：「在佈署工作的時候態度要和藹，因爲即使自己態度嚴厲，也不能減輕下屬所承擔的責任。」在他們看來，頤指氣使凌駕於員工之上，並不是稱職上司的做法，視下屬爲下人也是不禮貌的行爲，更加不是一種好的管理方法。因此，他們希望以儘量婉轉、友善的態度，讓下屬知道他們的問題所在，以及他們應該怎麼做。露骨地揭短或是粗魯地命令，會令他們覺得有罪惡感——彷彿自己變成了兩千年前專橫野蠻的奴隸主人而深爲羞恥。所以，他們總是儘量地讓自己的話婉轉些，再婉轉些，甚至到了別人無法領會的程度。

對付虛偽上司的殺手鐧

在文明社會裡，每個人都可以在會議上發表自己的觀點，而老闆、上司以及客戶的觀點總會得到特別的重視。在某種程度上，忽視上司的權威地位，會被認定是犯上行爲，這一點在大多數公司都會成爲解雇員工的理由。因此，作爲下屬，你有必要以他們習慣的方式進行溝通。

如果他說：「果園裡的蘋果熟了。」他的意思是，希望你及時去採摘。

他沒有提到採摘的時間、人數、工具等一系列問題，並不等於他還沒有想好要怎麼做。實際上他在等你主動和他確認：「我要在幾天內完成？」「我要到哪裡去領工具？」「公司可以提供多少人手？」

你要不停地提出假設，得到確認。再提出假設，再得到確認。需要特別注意的是：

當他在聆聽你說話並頻頻點頭時，並不等於他同意你的觀點。他只是在說「我在聽，我聽懂你的意思了。」至於他是否同意你的觀點這一點，你必需再和他確認。

他不喜歡當面衝突，他不反駁你，但並不代表就接受了你的意見。權威表現較低的人往往也很有魄力，只不過他的表現方式不同而已。他提出的建議往往就是他想要你做的事。

對付虛僞型上司，最好的相處之道，就是強迫自己去喜歡他們。讓自己感覺到他們的存在是有價值的，對你有利的。

唯有這樣，才可能繼續潛伏下去，等待到最後反擊的機會。

暴躁型上司：他不是暴躁只是直率了點

職場中，難免會碰到性情比較暴躁的上司。這種時候，我們該怎樣與之相處呢？

所謂性情暴躁的人，通常是指那種個性衝動、做事欠考慮、思想比較簡單、喜歡感情用事、行動如急風暴雨的人。一般來說，這種人沒有太多的心計，喜歡直來直往，不懂得轉彎，同時他也不會爲別人考慮太多。正是因爲這樣，他們容易被得罪也容易得罪別人，許多人都不願意和這種性情暴躁的人來往。

其實，這只是因爲你不夠了解他們。他們身上也有很多優點，在與這類上司相處時不妨好好利用這些優點，這樣一來你會發現，事情完全不像想像中那麼難辦。

首先，這一類型的上司常常比較直率。心裡想什麼，就會直接表現出來，不會搞陰謀詭計，更不會在背後算計人。他對某人有意見，會直截了當地提出來。所以，與其和那些城府較深的上司相處，還不如與這種上司打交道。

其次，這個類型的上司一般比較重義氣、重感情。只要你平時對他好，尊敬他，他會加倍報答你，並維護你的利益。所以，和這樣的上司相處，不一定非要那麼客套或講什麼大道理。你只要以誠相待，他必定真心相對。

最後，這類上司還有一個特點，就是喜歡聽奉承話、好話。因此，與他們相處的時候，最好多採用正面的方式，少用反面或批評的方式。這樣，往往可以取得更好的效果。

總之，在求助這類上司的時候，不需要含蓄，也不需要講究太多的技巧，有什麼說什麼就可以了。平時交往過程中對他好一些，打好彼此的關係，等到你有事情去求他，只要能做到，基本上他不會袖手旁觀的。這時，你就可以講明困難，請求他的幫助，而無須拐彎抹角、費盡心機地想法子求他。你可以真誠一些，說一些好聽的話，十有八九他都會欣然幫助你。

傲慢型上司：讓他找不到機會對你傲慢

在職場中，有的上司往往自視清高、目中無人，處處表現出一副「唯我獨尊」的樣子。與這種舉止無禮、態度傲慢的上司相處，確實是一件很讓人頭痛的事情。如果遇到這樣的上司，我們也別無選擇。那麼與這類型上司相處該怎麼辦呢？

或許有人會說，面對這種人就必須以牙還牙。他傲慢無禮，我便故意怠慢他。這種做法在某些情況下也許是必要的，但未免有點失禮，甚至太過感情用事。似乎只因爲對方的傲慢清高對我們是一種侮辱，所以我們也要用這種方式回擊。但回到現實，理智地思考一下自己的處境和目的，我們就會發現尋找適當的方式，讓他認可並接納自己才是上上之策。因爲，如果他傲慢、你怠慢，便極有可能無法順利交往下去，這顯然對自己不利。所以，我們應該先從事情該如何「完成」這方面下手，而不能僅憑感情用事而白白浪費時間與機會。

以下三點可供你參考：

盡可能地縮短與長官接觸的時間

在能夠充分表達自己的意見和態度或某些要求的情況下，儘量減少讓長官表現傲慢無禮的機會。若能一次就把事情辦成最好，這樣一來，長官會因爲總是苦無機會數落你，而收斂自己的氣焰，而不得不認真思考你所提出的問題。

語言簡潔明瞭

盡可能用最少的話清楚地表達你的要求與問題。這樣做的目的是讓對方感覺你是一個很乾脆的人，是一個很少有討價還價餘地的人。讓他知道與你交往必須約束自己的行爲，不可太放肆。

凡是不要太當真

不要以爲他對你客氣，你就當做他是熱情有禮貌，他多半是缺乏真心的。

總之，你要在不得罪對方的前提下，達到你的目的。所以和這樣的上司說話、辦事一定要小心謹慎。

喜好效應：目標是讓長官喜歡你

所謂喜好效應，從字面理解就是以別人的喜好為目標，讓自己的行為符合別人的審美觀點和心理標準。簡單來說，就是別人喜歡什麼，你就做什麼；別人不喜歡什麼，你就儘量少做或者不做。

在這個世界上，從辦公室白領到街頭的推銷員，從專業經理人到普通員工……無數的人都在追問同一個問題：該怎樣讓別人對自己產生好感。

當然，從這個問題就可以衍生出很多疑問：為什麼老闆不喜歡我？為什麼同事不喜歡我？為什麼我不能在第一時間就吸引住客戶？

希望別人喜歡你，你就應該懂得迎合別人的喜好。這時候，如果你能恰當地運用喜好效應，就會收到意想不到的效果。

長官愛打混，你就幫他混好一點

職場上，你會碰到各種各樣的長官，到底該怎樣和這麼多長官和平共處呢？這時候，你要先歸納出各個長官們的風格：如果你的長官是一個行動派，那麼你就應該儘量加快效率，讓自己和長官一樣雷厲風行；如果你的長官喜歡聽想法，那麼你就要多想一些好點子，及時反映給長官；當然，如果你的長官喜歡打混，那麼你不妨幫他多注意一切細節，讓他混好一點。這樣一方面既迎合了上司，另一方面在替他抬轎的過程中，也順便刺激自己進步。

在多年努力工作之後，小張有了歷練，好不容易熬成了一個小主管，下面帶了幾個小嘍囉。升職讓小張充滿幹勁，他希望再多努力一點，隨著企業的快速發展，在三十歲之前成為更高階的管理者。

然而，在公司進行人事調整之際，原來自己的直屬中階主管被調走了。為了縮減成本，企業也沒有重新招募的計畫，而是由另一位總監兼任中階主管的空缺。

新上任的總監在一開始還頗有幹勁，但時間一久，瞭解運作原則後，也就沒什麼新鮮感了。最初幾週，這位總監提議每個禮拜都要召開腦力激盪會議，激發大家的創意。後來，總監不再放那麼多心思在這裡，腦力激盪會議便漸漸地被取消了。

久而久之，員工都把這位新長官比做是「喜歡打醬油」，說他不理「朝政」，對工作敷衍了事，遇事總是「打打醬油」。（註：「打醬油」的意思就是「不干他的事」，跟台語「沾醬油」的意思很像。）更由於新上司不善與其他團隊溝通，因此小張所在的部門不論是業績還是影響力都一落千丈，同仁們都鬱悶極了。小張也不知該如何是好，感覺前途一片迷茫。

在工作場合中，像小張這類的基層主管很多，他們夾在同仁與高階長官之間，上有喜歡「打醬油」的長官，下有抱怨不斷的員工。那麼，到底該如何和喜歡打醬油的長官相處呢？這個時候，小張的負面情緒正主導著他的每一步發展。

其實，不管上司是一個什麼性格的人，你的正確做法絕對不應該是厭惡他，而是多多主動擔任轉圜的角色，把更多精力投注到自己能做好的事情上，來扭轉當前的局面。

不妨從以下幾個方面著手：

適時彙報「士氣」和「軍情」

當好上司的眼睛和耳朵，讓上司知道當前的情況，幫助上司快速做出相關決策和行動。實際上，上司剛剛來到一個新崗位，想在短時間內完全了解這個新部門並不容易。這時候，作爲一個小主管，不妨多向上司彙報部門的相關情況，讓上司不得不去關注這個部門。另一方面，作爲管理者，小張自己也必須多些擔當，要敢於向上司回饋部門內的民意。

談談企業願景

當下屬對當前工作氛圍感到不滿時，這時作爲一個中基層管理者，小張應該努力做出一些力所能及的事情，來改變死氣沉沉的局面，重新激起大家的工作熱情。而不是和大家一樣只顧著鬱悶。比如，小張可以在這種時候和下屬們談談企業的願景，讓同仁們重新擁有努力的目標。

做個有主見的長官

既然上司樂於扮演「打醬油」的角色，小張就更應該好好活用手中的權力。做一個有主見的長官，及時主動和上司溝通，一方面讓上司更相信你的能力，另一方面也讓自己不斷地進步。

但這裡必須強調的是，活用手中的權力並不是越權，而應該是給上司起碼的尊重。如果你的意見被上司知道了，但他不能解決，那麼就讓長官自己向更高階的長官報告，而不是由你越級報告。這樣一來，當上司認同你做事的方法與能力之後，他便會放手讓你去做更多的事情，給你更大的工作自由與空間。

用「心」當老闆肚子裡的蛔蟲

身爲下屬，腦筋要轉得快，要跟得上老闆的思維，這樣才能成爲老闆的得力助手。爲此，你不僅要努力地進修，還要向你的老闆學習，這樣才聽得懂老闆的語言，與老闆步調一致。

我們要盡量往公司需要的方向發展，這其中有一個重要的原則就是要跟得上老闆或者上司的思維，與老闆步調統一。這樣你才能夠抓到重點，爲公司貢獻更多的力量。和老闆步調一致是員工與老闆完美合作雙贏的重要前提。如果你的老闆總抱怨你不靈光，交代多少遍都不明白，那麼你就有必要檢討自己，在領悟力上多下點工夫，否則你將很難得到老闆的賞識。

在一般情況下，上司礙於身份，許多話無法直截了當地說出來。如果你夠用心，透過察顏觀色，充分領會他真正想表達的重點，肯定會獲得老闆的認可。

因此，在和上司溝通的過程中，我們要注意上司平時待人接物的方式，從他的個人經歷、性格偏好等方面，仔細揣摩他言行中所透漏的本意，這樣才能正確體會到上司的真正用意，與老闆做到步調一致。

萊恩是一家廣告公司的職員。他的表現一直很優秀，但上司突然將他調到一個偏遠地區，而且大家都知道在那個倒楣的地區開展業務簡直難上加難。為此萊恩十分不滿，他說：「我工作這麼努力，一直都盡忠職守，但現在不但沒有升遷，反而將我調到了這麼糟糕的部門，這不是明擺著想逼我主動辭職嗎？」

但實際情況卻是，上司發現萊恩是個不可多得的人才，唯一的缺點就是太年輕了，辦事欠穩重，有時不夠深思熟慮，因此決定派他到別處去考驗一段時間，以備將來委以重任。

當萊恩以「想到其他城市去發展」為由將辭職書扔在上司桌子上時，上司十分惋惜地說：「如果你能留下來，將來前途肯定不可限量。但是，你既然另有所求，又已經決定要離開，那麼，我也只好祝你好運了！」

上司的一番好意，完全被萊恩誤解了。不但如此，甚至還可能認爲萊恩吃不了苦，是因爲怕累才離開公司的。既然這樣當然就不能委以重任，幸而發現得早，否則還真看走了眼。

除此之外，既然想領會長官真正的意思，我們就要善於和長官換位思考。

實際生活中，很多人並不懂得與長官換位思考。哈佛商學院院長金・克拉克博士認爲這點是許多人沒辦法在事業上成大器的重要原因之一。他說：「在我們所從事的商業環境中，的確有不少似乎充滿了才華的人。他們工作勤奮、對主管的指示從不打折扣，他們自己也堅信對公司充滿熱忱。這種勤奮及忠誠，在一定程度上也獲得了上司及主人的好感，並獲得升遷擔任管理職。但是，他們就是無法再一次超越自我，前途當然也就永遠止步不前了。」

爲什麼呢？金・克拉克博士接著說：「最簡單的理由就是因爲他們面對每個問題時，總是站在自己所熟悉的立場，根本沒有想過要考慮全局或是以公司長官的立場去解決。他們從不將自己置身在長官的位置去設想：『長官爲什麼這麼想？他是怎樣看待這個問題的？我的想法與長官的差距何在？如果我真的處在長官的位置，對於這類事情我又該如何去處理？』」這就是這類人的問題所在。

從前做過報童，後來成爲美國萬國協會主席的布雷西也說過：「在我眾多的工作過程中，依照上司的做事習慣去做我該做的事，對我的幫助最多。因為我知道，雖然我很想在眾人之中脫穎而出，但當時我的能力還不及我的上司。我熟悉我的上司，於是在我做每件事的時候，每一個舉動、每一個念頭都模仿上司，並且趕在他之前完成。我常常比他早到辦公室，幫他做一些我預想他肯定會做的事情，以此證明我的敏銳。就這樣，在不斷地自我鍛鍊之後，終於成就了我自己。」

◆回饋效應：你的沉默，會讓老闆很不安

所謂「回饋」，原來是物理學中的一個概念，意思是指將放大器輸出電路中的一部分能量送回輸入電路，以增強或者是減弱輸入訊號的效應。心理學借用這一概念，用來說明一個人對自己學習結果的瞭解，而這種對結果的瞭解又會產生強化作用，促使人更加努力學習，達到更好的效果。這個心理現象就稱作「回饋效應」。

換句話說，回饋效應是一個雙向交流的過程。在這個過程中，人們可以更加清楚自己的缺點，並不斷改進，提高效率。

其實，在職場上，回饋也是很有必要的。回饋效應用在職場中，經常是指人與人之間的交流溝通。在工作場合裡，長官與員工之間，只有及時溝通，才能讓老闆明白你的問題所在，也只有及時溝通，才能保證大家及時解決問題。如果你因為害怕說錯話，就不向上級回饋你的問題，那麼不說的後果可能比說錯更為嚴重。除此之外，想成為合格的下屬，我們不僅要在自己出了問題時，向上級及時報告，當我們發現長

官有錯時，也要敢於提醒，幫長官及時補好漏洞。

好的溝通技巧可以帶你上天堂

有人認爲說錯話是職場大忌，其實只要不是原則出了大錯，說錯話並不一定會引起老闆反感。老闆最反感的其實是什麼都不說的人。什麼都不說，溝通也就出現了斷層。老闆發出的資訊，不能得到及時、有效的回應。這樣的人，才是最不受老闆歡迎的人。

溝通分爲語言溝通和非語言溝通，語言溝通又包括口頭溝通和書面溝通。如何實現人與人、部門與部門、上與下之間的資訊交流（包括政策、法規、經濟、社會、技術），以及情感、經驗等方面的傳遞，永遠是人際交往中的思考主題，有效的溝通會產生積極的作用。

在資訊溝通方面，只有以真實、快捷爲基礎，才能有效實現資訊交流。在情感溝通方面，只有以真摯、理解爲基礎，才能實現心與心的接軌，形成相互理解、相互信任的良好人際關係氛圍。在經驗溝通方面，只有以真誠、無私爲基礎，通過彼此之間的經驗分享，才能真正截長補短，獲得真正的進步。

良好的溝通基礎決定其真正能產生的作用，只要我們始終以真實、真摯、真誠爲基礎，溝通就一定能發揮積極作用。

李儀琳是一家公司的人事主管，她非常善於溝通，在公司內很有人緣。有段時間她發現銷售部門整體士氣不足，便積極與銷售部主管進行溝通。她第一次跟銷售經理面談時，對方卻透露了想要離職的念頭。她當時有些氣憤，覺得這位主管不知感恩，公司在他身上投資了很多，給他的待遇一向不薄，還多次為銷售部門的幾位主管請來講師培訓，提高他們的業務能力。而且公司高層對於銷售部門一向非常重視，並沒有什麼對不起他的地方，但現在他簡單一句話就說要走，完全罔顧公司利益。

她壓抑著心中的不滿，畢竟在這種情況下發脾氣於事無補，最重要的是瞭解這位經理心裡到底是怎麼想的。她努力做到平靜、和藹，像朋友一樣與他溝通，幫他看清眼前的兩個問題：離職的目的是什麼？留下來又可以創造什麼？她和他閒話家常。最初這位銷售經理對她還有幾分保留。他對女主管說：你只需要跟我談工作方面的問題，不要干預我的個人和家庭。但到後來，他卻很主動地講起自己的家庭問題。慢慢的，透過溝通，他對自己目前的工作和生活有了更深層次的認識，他意識到自己對公司、對家庭、對個人都應當負起責任，不應該因為一點點不順心，就把情緒帶到工作中。至於「要走」不過是一時衝動，公司的前景很好，就是要待在這樣的公司裡，才能獲得個人生涯的充分發展。

最後，他為自己的不理智道歉，向這位女主管表示了最真誠的謝意，然後立即積極地投入工作中，帶領整個部門努力打拼，短短三個月內業績便遞增了兩倍。當然這位銷售經理也獲得了公司的嘉獎，還升了職。

就是因爲經過了溝通，李儀琳才能瞭解真正的問題所在，得到對方的信任。溝通讓雙方之間的分歧迎刃而解，讓可能發生的爭執和矛盾消滅於無形。

人類因爲本性使然，總是關注個人利益多一些。所以可想而知，有效溝通最簡單的一個話題就是人們自己。在人際交往中，多和別人談與他們本身相關的事情，比如他們的家人、工作、消遣以及他們所關心的事情，這樣一來要得到他們的尊重會相對容易。

你對他們發自內心的欣賞，將會提升他們的自尊心，使他們尊重你。而尊重正是增進人際關係的基礎技巧。如果你專注於人們的長處，他們就會更強。如果你為他們的長處鼓掌，就會增加他們的信心，這樣也可以幫助他們克服自己的弱點。如果你以積極的態度看待人們，你的真誠就會通過眼神、微笑和語調表現出來。你的笑容將能照亮所有看到你的人。

溝通能力是一個人最重要的社會能力。如果不能和其他人達成穩定相互關愛的關係，那麼就失掉了最基本的生存能力。所以溝通對我們來說太重要了。唯一必須注意的是：真正的溝通能力必須經過培養和實踐，所以每時每刻都要注意訓練自己。

有效溝通之前，你必須非常明確溝通的目標。首先想好要說什麼，表達事情時必須前後相關，用具體準確的語言表達。再來要注意內容與形式必須統一，也就是語言、聲音、表情、動作、感情表達一致。注意前後邏輯，自己所支持的觀點不可以前後矛盾。還有，你的目標必須單一，有效的溝通只有目標單一才能準確表達，任何附加目的，都會沖淡語言的意思。

你應當坦白地講出你內心的感受、痛苦、想法和期望，但絕對不是批評、責備、抱怨、攻擊。毫無根據地批評、責備、抱怨、攻擊，這些都是溝通的劊子手，只會使事情惡化。更不能惡言傷人，如果說了不該說的話，往往要花費極大的代價來彌補，正所謂禍從口出，甚至還可能造成無可彌補的終生遺憾。

你應當理清自己的情緒，充滿情緒性的溝通常常沒有一句好話，既理不清，也講不明。尤其在情緒中，很容易因為衝動而失去理性。在憤怒、不滿等情緒的支配下，往往會做出情緒性、衝動性的決定，這很容易導致事情不可挽回，令人後悔。

你應當及時反省自己在溝通中是否說錯了話？有沒有不合適的地方？會不會造成別人的誤解？其實自己並不是這個意思……承認「我錯了」是溝通的消毒劑，可解凍、改善與轉化溝通之間出現的問題。一句「我錯了」便可以化解打不開的死結，讓人豁然開朗，放下武器，重新面對自己，開始重新思考人生。「對不起」也是一種軟化劑，使事情終有迴旋的餘地。

好的溝通技巧及說服力，可以讓你左右逢源，為你建立良好的人際關係，讓你獲得更多的資源，增強你的影響力。

老闆，有我幫你把風！

根據許多資深職場人士的經驗，我們知道一條定律，那就是對長官必須謙恭敬重，永遠順從長官的意志和命令，不服從長官就是不尊重長官。長官是工作上的權威，很重視自身威信，下屬的讚揚就是對長官威信的維護和尊重。不服從長官實際上就是無視長官的權威，損害長官的尊嚴。

當然，服從長官的意思，並不全然是盲目服從或言聽計從，也不是凡長官說的都要聽，凡長官決定的都照做。盲目服從可能是對長官一時的恭維，但就長遠的結果來看，如果服從的是錯誤決策，可能會害人害己。

俗話說老虎也有打盹的時候。同樣的，上司也有迷糊的可能，一個好下屬就是在「老虎」打盹的時候爲他把風，而不是一味地縱容。

金無足赤，人無完人。在經濟環境的驚濤駭浪中，局面瞬息萬變，上司再英明，也不可能一貫正確。所以員工就必需主動爲上司分擔風險，給老闆多一點參考，多一層保險，保障公司這條大船順利航行。

將意見提供給上司不是件容易的事，糾正上司的錯誤更是不容易，畢竟有很多長官聽不得別人的批評。就像古代專司挑錯之職的左右拾遺，烏紗帽與項上人頭的去留，永遠在旦夕之間。雖然在現今社會中，上下級的分野早已沒了君臣之禮，但那條無形的鴻溝還是時時提醒著你上下有別。

現實是，員工和長官之間不可能全然沒有分歧，畢竟老闆的決定也不可能永遠正確。如果老闆的決定真的錯了，而你又不能眼看著公司的利益受到損害，這個時候你該怎麼做？

只要出發點是好的，並且也已經仔細調查過了，這時你一定要堅持自己的意見，只是要注意表達方式。關鍵在於，既要維護上司的尊嚴，又要糾正他的偏差。

我們且來看一個例子。

某先生是一家投資公司的專案經理，業務能力強，膽大心細。在世紀交替的那一波網路狂潮中，形形色色的人拿著形形色色的提案來和老闆談，當時網路熱潮甚囂塵上，老闆被這些天方夜譚般的盈利模式激得熱血沸騰，決定投入鉅額發展一個「全球華人網上陵墓」，想發發死人財。

在這位專案經理仔細分析調查之後，認為這個專案涉及中國人的傳統習俗，想要改變絕非易事。所以他就據理力爭，極力反對這個專案，搞得老闆很不高興。這時，擺在他面前的路就只有兩條，要麼「縱容」老闆，讓公司承擔巨大風險；要麼阻止老闆，讓老闆對自己不滿甚至砸掉飯碗。他深思熟慮之後，終於選擇了後者。但他並沒有在股東大會上公開反對，而是單獨和老闆推心置腹地長談，一遍遍耐心地分析市場現況，並且表示自己可以承擔一切後果，包括引咎辭職。終於，他引起了老闆的思考和斟酌，就這樣老闆決定先觀望一下。果然不久，他們就聽到了消息——另外一家投資這項專案的公司血本無歸。

故事裡，這位專案經理的做法是值得我們學習的，因爲他既保住了老闆的尊嚴，又保住了公司的利益，也盡到了自己的責任。

在公司，我們想要成爲一個合格而又不「縱容」老闆的員工，就要適時地向老闆提出意見，適時地給老闆回應。但要注意提供意見時不能直來直往，必須使用一些技巧。

先承認長官的意見

無論如何，首先要認可長官，這樣一方面爲長官留足面子，另一方面，即便長官真的錯了，但你可以先展現真誠的態度，讚揚他的眼光，暫時先取得他的信任，爲之後的進言做好準備。

再巧妙表態

在說出你的建議之前，得先有個表態。怎麼表態呢？你可以先講一講自己認可的那些部分，對自己的啓發和教育作用有多大。這個表態非常重要，這樣一來便證明了你的立場並非與長官對立，而是受了長官的啓發，才發展出新的建議。

最後引出自己的意見

這是整個建議的核心部分，有了前兩項鋪陳之後，到第三步就可以提出自己的意見了。這樣一來，就可以自然而然的把自己想說的意見說出來。

如此循序漸進的目的只有一個，就是爲了減少衝突，找到最好的方式，讓自己的意見被重視，被採用。

算你狠！

職場心理掌控術

第二章

網羅勢力要實際，但不要勢利。

Being Vicious in The Workplace

◆思維定勢效應：小泥鰍也能掀起大風浪，切莫忽視小人物

所謂思維定勢效應是指，人們長期局限於既有的資訊中，每天在固定的範圍裡工作和生活，久而久之就會形成固定的思維模式，習慣用固定的方式來接受事物。

思維定勢也不是沒有好處，當我們從事某些活動時，因為思維定勢，使我們相當熟練，能夠節省很多時間和精力。但思維定勢的存在也會束縛我們的思維，使我們難以有所突破，因而在解決問題的過程中形成一些消極影響。

其實，人們不僅在思考和解決問題時會出現思維定勢效應，在認識他人、與人交往的過程中也會受思維定勢的影響。比如我們平常所說的「以貌取人」就是思維定勢的例子之一：我們總以為穿著高檔華麗的人就是富人，穿得很普通平價的就不是富人。但很多時候，我們的判斷是錯誤的。

所以，在人與人交往中，我們應該儘量避免思維定勢，用發展的眼光看別人。就像唐代著名詩人李白說：「天生我才必有用。」再平凡的人，再庸碌的人，也有發揮作用的一天。千萬不要以為他現在只是個小人物，就不重視他，要知道「小」與「大」是可以相互轉化的。

千萬不要瞧不起小人物

借人之力，成己之事，是獲取成功的捷徑之一，但在這條捷徑上，人們卻總是習慣將目光聚焦到那些有權勢、有財富的名人和富豪們身上，認爲只有這些人，才可能是自己人生路上的貴人，才能爲自己的成功拋磚引玉。於是，很多人都成了「勢利眼」，瞧不起小人物，只會仰望大人物。其實「大小」並非絕對，二者可以轉換。

戰國時期的孟嘗君，手下養了三千多個門客，大多數是地位卑微而無才幹的「小人物」。為何孟嘗君要這麼做？他是想施捨天下士人嗎？當然不是，他是以獨到的眼光，為自己儲備人才，就算只是一些不起眼的「小人物」，但他深信，亂世之時，人人皆有所用。

一次，孟嘗君出使秦國被扣留。為了逃生，孟嘗君想賄賂某權貴，一位擅學狗叫的門客自告奮勇，混進秦宮，偷回了送給秦王妃子的白貂皮大衣，再把大衣送給了秦國的權貴後，他才得以釋放。他連夜逃走時，到了函谷關口，看到城門緊閉著。按照秦國的規定，必須待到雞鳴之後才可開啟。正好門客之中，有一個人擅學雞叫，他的叫聲帶動許多雞一起鳴叫起來，孟嘗君終於得以脫險。

俗話說得好：「人不可貌相，海水不可斗量。」在職場的社交圈中，我們往往會接觸到一些語與不出眾、貌不驚人的人。千萬不要瞧不起這些不起眼的小人物，將來他們也許會成爲你的朋友，甚至也可能在關鍵時刻幫你一把。

我們應該做的就是像孟嘗君一樣，四面出擊，結交三教九流，這樣才能夠獲得各種不同類型的社交青睞，達到人際關係的理想境界。

智者千慮，必有一失；愚者千慮，尚有一得。現實中，許多人往往由於忽視「小人物」，卻吃了大虧。

商界有一位大老膽識過人，在多次的市場競標中取得勝利，公司的收益因此不斷提高，規模空前。某一回，公司接到一樁金額巨大的交易，經過一段時期的醞釀之後，該大老自認方略萬無一失。此時，一位剛剛進公司的年輕屬下卻提出了異議，認為情況分析不夠，投資風險過大，幾次提醒大老三思而後行。但畢竟這位年輕人剛進公司，人微言輕，他的話沒有引起決策者的注意，反而招來人們的種種譏諷和恥笑。有人說他太嫩，有人說他不知天高地厚，有人說他不自量力，如此等等，不一而足。結果，這家公司果然在交易中吃了大虧，損失了上百萬元，不得不宣告破產。

這位大老如果重視「小人物」所說的話，就會認真分析年輕下屬的意見，經過調查研究之後再進行決策。但他忽視了「小人物」的作用，反而讓自己損失了上百萬。

在職場奔波忙碌時，必然會遇見許多與生活或工作有關的人。有許多人爲了謀生，不得不出來工作。這樣的小人物很多，如果你對他們神氣活現，或是不理不睬，他們對你也不會有什麼好感，辦起事來，也不會考慮你方便不方便。但是如果你把他們當做好朋友看待，有事沒事多與他們打打招呼，用鄭而重之的態度對待他們，他們自然對你印象很好。那麼，他們在做事時，除了顧慮自己的方便之外，也會兼顧到你的方便。千萬不要小看這些工作上的「方便」所能爲你節省的大把時間。而且說不定在那些不起眼的小人物當中，就隱藏著有才幹的人，能幫你更大的忙。

平時多去「冷廟」燒香，急時自有「神仙」相助

俗話說：「平時不燒香，臨時抱佛腳。」如果真是這樣，即便是慈悲爲懷的佛祖，也不一定會幫助你。因爲平時你心中就沒有佛祖，有事才來懇求，佛祖怎會顯靈？所以我們求佛，應該平時就要燒香。而平時燒香時，尤其該表明自己別無希求，完全出於敬意，絕不是買賣。這樣一來一旦有事時，你去求佛，佛念在平時你的燒香熱忱，也不致拒絕。

有些人過於功利，平時對人不冷不熱，甚至冷嘲熱諷。有事時卻像是換了副臉孔似的，又是送禮，又是送錢，顯得特別熱情，這樣的人往往很難成功。所以就算是「冷廟」，平時也應該多去燒燒香，急時自有「神仙」相助。

一個人能否發達，受很多因素影響，比如「機遇」。你的朋友當中，有沒有懷才不遇的人？如果有，這個朋友就是「冷廟」，你應該像對待香火鼎盛的大廟一樣，時常去「燒燒香」，每逢佳節，送些禮物。婚喪喜慶，送送紅白包，聊表些許心意。因爲他尚未飛黃騰達，所以可能不會禮尚往來，並非他不知道還禮，而是無力還禮。但他雖不曾還

禮，心中也絕對不會忘記這人情債，人情債欠得越多，他想還的心越切。日後他否極泰來，第一個要報答的人當然是你。當他有清償能力時，即使你不去請求，他也會自動還你。這時候你有求於他，就是輕而易舉的事情了。

很顯然，人與人之間的關係會隨著平時聯絡的增加而加深，久不見面的朋友自然會日漸疏遠。建立人脈，就是要把朋友都兼顧到。雖然身爲上班族，但也不要一天到晚都埋頭在辦公桌前，不論多麼忙碌的人，也總會有吃飯和休息的時間。至於那些從事業務工作的人，整天都在外面奔忙，更可以利用在外面跑的機會，聯絡那些久疏聯絡的朋友。

至於整日守在辦公桌邊的人，不妨利用午餐時間，與在同一地區工作的朋友共進午餐。與其每天一個人吃飯，不如偶爾打個電話約其他朋友一起吃頓飯，如果真的沒有時間，一起喝杯咖啡也可以。就算距離稍遠，坐計程車去也沒關係。那些斤斤計較的人，很難拓展自己的人際關係。雖然上班族的收入有限，得靠省吃儉用才能存一點錢。但是，因此失去與朋友來往的機會，就得不償失了。

下班後，與朋友一起喝杯茶。不論是迎新送舊還是專案大功告成，找各種理由大家一塊兒聚聚，這不只是互相聯絡感情，也是放鬆緊張的好機會。小心別太喜新厭舊，雖然這是人之常情。比起早已熟知的朋友，新朋友更能吸引我們的注意力而頻頻與之接觸。

對人情的投資，最忌諱的是急功近利，因爲這樣一來似乎就成了一樁買賣，甚至是賄賂。如果對方是有骨氣之人，便會感到不高興，即使勉強接受，也並不重視；即便日後回報，也是半斤還八兩，沒什麼好處可言。平時不聯絡，事到臨頭再來抱佛腳就來不及了。人脈不只要建立，也要重視平時的經營，否則時間長了，人脈就變成冷脈了。

平時不屑到冷廟上香，急時再來抱佛腳也來不及了。一般人總以爲冷廟的菩薩不靈，所以才成爲冷廟，其實英雄落難、壯士潦倒，都是常見的事。只要一朝交泰，風雲際會，冷廟菩薩就會一飛沖天、一鳴驚人。

從現在起，多注意一下你周圍的朋友，若有值得上香的冷廟，千萬別錯過了。

◆馬太效應：展現積極形象，把別人吸到自己身邊

馬太效應指的是強者愈強、弱者愈弱的現象。更具體的解釋就是：「任何個體，一旦在某個方面（如：形象、名譽、地位等）獲得成功，就會產生累積優勢，就會有更多的機會取得更大的成功。」從這裡可以發現，人如果具備了某一方面的優勢，那麼只要充分利用這個優勢，就會為他帶來更多「財富」。

日常生活中，到處都有「馬太效應」的例子。比如有的人性格很好，他們就會吸引越來越多的人，成為精神上的「貴族」；而有的人性格很差，他們就成了受人冷落的「被棄者」。在工作場合中，我們也應該好好利用「馬太效應」，用積極的形象，把別人吸引到自己身邊，讓自己成為職場上的「貴族」，為自己打造好人緣。

那麼，在職場上我們到底該怎樣做呢？首先，我們要學會「給予」，但在給人恩惠時，不要張揚，這樣別人才會更死心塌地地跟著你；其次，對於職場上的老前輩，我們一定要尊重，即便是這些老前輩沒有什麼真正的「頭銜」，但他們在公司卻有著不可小覷的影響力。

當濫好人也要有目的，不能白當

「施恩」與「施捨」只有一字之差，意義卻大不相同。幫助別人的時候，應該懷著「施恩」的心態，而不是對別人的「施捨」。幫助別人對雙方而言，都應該是很快樂的事，不要把美意變成傷害，否則你會覺得很彆扭，被幫助的人不但不領你的情，反而會覺得你一副高高在上的樣子，對你心生怨恨。生活中經常有這樣的人，一旦幫了別人的忙，就覺得有恩於人，心懷優越感，高高在上，其實這樣的態度常常會引發反面的後果。如果你這樣做，那麼人情沒有送出去，反倒會招來對方的怨恨。在職場爲人其實和在日常生活中做人有很多相通的道理，生活中爲人處世的老經驗，常常也是值得一學的。

古代有位大俠郭解非常有名望。有一次，洛陽張律因為與人結怨而心煩，多次央求地方上有名望的人士出面調停，無奈對方就是不給面子。後來他找到郭解，請郭化解這段恩怨。郭解接受了這個請求，親自上門拜訪與張律結怨的人，好不容易勸對方同意和解了。按照常理，郭解此時不負所托，完成化解恩怨的任務，就可以走人了。沒想到郭解更高招，他的處理方法更有技巧。郭解將恩怨解開之後，他對那人說：「這件事，聽說之前有許多更有名望的人都幫忙調解過，只因不能得到雙方的認可而沒能達成協議。這次我很幸運，你也很給我面子，讓我有幸了結這件事。只是在感謝你的同時，我也為自己擔心，畢竟我是外鄉人，由我這個外地人來完成和解，不知會不會令本地耆老感到丟面子。」他進一步說：「這件事就這麼辦吧，請你再幫我一次，表面上就讓人以為我的出面也沒有解決問題。等我明天離開此地，本地耆老鄉紳們一定還會上門。到時還請你把面子留給他們，讓他們完成此一美事吧，拜託了。」

由此可見，就算幫人家的忙，也不要使對方覺得接受你的幫助是一種負擔。要做得自然，也就是說，當時對方或許無法強烈地感受到，但是日子越久就越能體會出你對他的關心，能夠做到這一步，才是最理想的。幫忙時要高高興興，不可以心不甘情不願的。如果在幫忙的時候，覺得很勉強，潛意識裡便存在著「這是爲對方而做」的觀念，那麼一旦對方對你的幫助毫無反應，你一定大爲生氣，認爲「我這樣辛苦地幫你忙，你還不知感激，太不識好歹了」，如此的態度、甚至連想法都不要表現。

總之，人際往來，無論是在職場還是在現實生活裡，幫忙是互相的，且不可像做生意一樣赤裸裸，口口聲聲利益交換。忽視了感情的交流，會讓人興味索然，彼此的交情也維持不了多長時間。

八面玲瓏，「收服」老前輩

在工作場合中，與同事打好關係很重要，人際關係打不好，工作就無法開展。其中，與「老前輩」之間的關係格外重要，因爲這層關係通暢了，往往就能免遭職場排擠。

有一位職員，工作年資不長，但能力很強，深受長官賞識，很快就被晉升爲部門主管。但是下屬中有位資深職員，仗著自己資格老，曾爲公司立過功勞而對他不服，讓他很難做事。遇到這種情況該怎麼辦呢？硬碰硬嗎？還是任其「囂張」？

其實，想改變這種境況，必須首先認清一點：每個人都是自我感覺良好的，認爲自己並不比別人差，所以不服氣是正常的。年輕的主管們必須遵循這個準則：尊重他人的優點，承認他人的優勢，最終就能慢慢解開對方心裡的疙瘩。

戰國時代廉頗和藺相如之間就曾發生一個的故事。

藺相如本是趙國宦官的門客，地位低下，因為偶然的機會才為趙王所知。趙王派藺帶著和氏璧出使秦國，他不負使命，出色地完成了任務。從此以後，藺相如開始接連獲得提拔，平步青雲，最後官拜上卿，位份甚至排在廉頗之前。

這下廉頗可不服氣了，他說：「我是趙國的將軍，有攻城野戰、保衛國家的汗馬功勞，可是藺相如僅僅靠耍嘴皮子立了一點功，爵位就在我之上。況且，藺相如出身低微，他原來不過是總管太監手下的一個舍人。要我和一個出身低賤的人擔任同樣的職務，本來就令我感到恥辱，現在竟然還要我做他的手下，我簡直快受不了了。」他對外揚言：「如果碰到藺相如，我一定會好好羞辱他一番。」

藺相如聽到這些話之後，便盡量避免和廉頗見面。每次朝會時，藺相如常常假托有病，不願和廉頗爭位次先後。後來有一次藺相如外出，遠遠看見廉頗走過來，藺相如立即把車子掉轉方向躲避。門客對此非常不解。

後來藺相如才對門客解釋：「其實我哪是怕廉將軍，我是為了國家著想啊。現在強秦之所以不敢發兵攻打我趙國，是因為我和廉將軍兩人還活著。兩虎相鬥，必有一傷。之所以忍辱退讓，是因為國家安危必須優先考量，個人仇怨必須擺在次要地位的關係啊。」

這話終於傳到了廉頗的耳朵裡。廉頗畢竟是個正直的人，他感到很慚愧，覺得自己的境界實在不及藺相如，於是真誠地負荊請罪，兩人終於和解。

同樣地，在今天的職場上，新主管對待資深同仁時，也必須以敬重、真誠的態度對待。比如在聚會時，爲表示敬重，真誠地讚美他們曾經爲公司作出的貢獻。若是遇到不懂的事，就要和資深同仁商量，不能因爲對方職位不高或生性老實而有失敬意。因爲這種人對公司上上下下都很清楚，聽他講講公司的歷史，對新主管也是有益的。如此一來，年輕主管對公司的了解不但加深了一層，而且在老員工及眾人心中，也能留下好印象。

如果在晉升之前，先和資深下屬打好關係，表示出你對他的關心，在他需要幫助時，熱心支援，那麼他也將會支援你今後的工作。

當然，最重要的一點是：在業務上一定要強於他，讓他心中服氣，讓他明白你的晉升靠的是實力，而不是關係。

初涉職場的年輕人最易犯的毛病就是狂妄自大、心高氣傲，這一點在職場裡是要不得的。職場中每一個人都需要有踏實沉穩的實幹精神，更何況是在「老前輩」面前呢？所以，在應對這些職場老前輩時，要時刻注意以下兩點：

尊重方為上策

在部門裡，倚老賣老的同事通常是年資久、經驗豐富，卻升不上去的人。這些人通常手中都握有籌碼。相對較資淺的同仁，不妨換個角度來看待他們，學習他們的經驗，並且複製成自己的優點。

如果你是長官，萬一倚老賣老的同事干涉你過多，千萬不要與他正面衝突。因爲這樣的人比誰都愛面子，爲他保留面子才是上策。再說，真正主宰的是上階主管，又不是他們，所以你只要表面服從就可以了，無須與他們正面爭論。

逆向操作

這些職場老前輩通常喜歡得到新長官的「垂詢」，所以新長官不妨借助這些老前輩愛表現的特質，來瞭解每位下屬的動態，借助他們的經驗，儘快掌握大局情況，並迅速建立地位。

俗話說「不打不相識」，如果你覺得這些倚老賣老的資深前輩其實還有很多可取之處，只是因爲某些盲點而無法升遷，那麼不妨真心拉他一把，或者偶爾給他一些適當地提點，讓他們更盡心盡力地爲團隊效力。

以退為進才是強者高招

日子一天又一天過去，誰也不能保證身邊絕對沒有潛在「敵人」。當你任由自己捲入人際衝突、玩手段、搶功勞、爲小事爭吵的紛爭中，只會耗盡你的精力，影響你的態度，還會浪費了原本該用在正事上的寶貴時間。但是換個角度思考，「敵人」帶給你的壓力正是最難得的動力。你應該做的是敞開胸懷，讓負面情緒徹底消失，坦然地面對敵人。

職場上就是如此，從來沒有永恆的朋友，也更沒有永恆的敵人。如果你在工作場合中非常需要另一個人，而你又與其不合，因爲感情用事而放棄合作，可非明智之舉。必須要能夠化敵爲友，使阻力成爲完成目標的最佳幫手，這才是一箭雙雕。其實這個道理大家都懂，不過職場上一旦遭遇「敵手」，大多數人總是想著如何將對方死死地鉗制住，最好連一點還手之力都沒有，鮮少有人會在這種時候想著「化敵爲友」。

你可以試試看先退一步，先承認自己的不對之處。真正有能力的人，一定是勇於承認自己短處的人。這樣做的目的，是爲了爲替你們的合作創造可能性，只有你承認處於劣勢，對方才可能放心的和你結交。不過，這並不意味著每回好鬥的同事發起攻勢時，你都要舉手投降。而是在「退一步」前，先確定他是否可能成為你潛在的助力，這才是首要考量。

為了贏得最後的勝利，你有必要「忍辱負重」，不要理會他的威脅性。對方可能這麼問：「你以為你是誰？」「學歷那麼好有屁用？」「你從來沒聽過什麼叫備用計畫嗎？」不管對方怎麼問，他並不是想得到你的答案，只是為了使你失去理智。像這種問題根本就不需要回答，只要直接忽略掉這些人身攻擊，避免正面的衝突。等到對方感到沒趣之後，就會減少這種行為。

另外，你要多多觀察別人的興趣是什麼。如果你希望對方對你有好感，並願意成為你的朋友，唯一的辦法就是對他的興趣與愛好表示關注。最後，適時地讓對方知道你需要他，而你也能提供給他一些幫助。當對方意識到聯合起來可以共享雙贏的時候，就能發揮彼此最大的效益。

在職場上學會「化敵為友」是很重要的個人特質，你不可能單槍匹馬地勝任所有的工作，如果能把潛在的敵人變成自己的幫手，既少了一份阻撓，又多了一份動力，這對於你的職場發展大有益處。

暈輪效應：鎖定目標，先喜歡上司喜歡的

暈輪效應，又稱「光環效應」，意思是指人們對其他人的第一個認知首先是根據個人的好惡來判斷，然後再從這個判斷推論出其他特質的現象。

暈輪效應跟愛屋及烏的原理類似。這種效應發展到極端，就是推人及物了。從喜愛一個人的某項特徵推及喜愛他整個人，又進而從喜愛他這個人泛化到喜愛一切與他有關的事物。這就是所謂愛屋及烏。

我們應該學會巧妙地運用暈輪效應。比方說，我們想把上司「網羅」到自己這邊，就應該讓自己學會愛上司身邊的人，尤其是上司的「枕邊人」和「紅人」。因為就上司而言，枕邊人和紅人，正是上司最「愛」的人。既然上司喜愛，那我們也應該喜愛。

閻王好見，小鬼難纏

有句話叫：「閻王好見，小鬼難纏。」在與上司打交道時，切記不可忽略他身邊的人，因爲人性複雜，誰知道說不定就是有人對你有意見，然後他們就會在上司面前誹謗你。有時只是某種不具惡意的猜疑，都有可能使上司受到這些閒言碎語的影響。不論上司多信任你，長此以往，勢必會影響你與上司之間的關係。

與上司的秘書維持好關係，更高招者甚至與上司的家人維持好關係。利用公司聚會多多與上司的太太聊天，甚至邀請長官一家與自己家人一同踏青，純粹私人聚會聯絡感情，不一定要談公事。就這樣，跟長官「身邊的人」多接觸，太太可以幫忙吹吹「枕邊風」，從秘書身上則可以知道很多零碎的資訊，其中更不乏極有價值的情報。所以，拉攏上司身邊的人，既能與上司關係更融洽，也有利於情報收集。

不過千萬不要以爲，想達到目的只要抓住關鍵人物就行了，以爲籠絡了長官就萬事大吉，小心現實往往複雜得多。關鍵人物的周圍總是存在著一些人，他們平時看起來沒什麼作用，但在關鍵時刻就很可能會發揮重大影響力。

比如在職場上，我們要和擁有決策權的主事者打好關係，但也不能忽視沒有決策權的組織成員或助手。通常，這些助手們對別人的態度更爲敏感，對別人的忽視也更加在意。很多助手雖然沒有決策權，但對主事者卻有著很大的影響力。而許多時候，主事者在處理問題時，也不能不顧及自己助手的情緒。所以作爲下屬，對「助手」更要尊重和理解，就算「助手」本身並沒有多值得你敬重的特質，但他畢竟是長官身邊的職位，你就得敬他三分，免得牽動他敏感的神經，爲自己的仕途設下不必要的障礙。

岳文華年富力強，能力卓著，上司非常賞識他。而岳文華平時對上司身邊的特助總是出人意料地親近。逢年過節，他都登門拜訪，親切往來。同事們覺得很奇怪，這位特助是一個本事不大、心眼不少的人，大部分同仁都「退避三舍」，但他為什麼要這樣眼巴巴地對特助好呢？

其實，岳文華是個很聰明的人。他對自己最知心的朋友透露了想法：「咱們老總是個正人君子，在他眼前不用耍心眼，你只要夠努力，他一定能看出好壞。特助雖然沒多少實權，但他跟『高層』只有一步之遙，萬一他在背後給我搗鬼，搞小動作，那我可吃不消！」所以岳文華一如既往地殷勤對待特助，這位特助對岳文華也越來越好，把岳文華當成知己，經常向他透露高層的內部決策。於是岳文華在部門裡總是事事搶先一步，高人一籌，職業生涯走得一帆風順。

和上司身邊的人打好關係，有時候比處理好和上司之間的關係還難。與上司關係十分密切的人，往往會對上司的決策、用人及既定看法產生重要影響，而且這種影響在許多時候可能是具有決定性的。

也許你覺得你的上司是個很正直的人，但人畢竟是一種感情動物，很難在處理每一件事，面對每一個人時，都能理智思考，情感因素隨時有可能佔據其中十分重要的地位，所以再正直的上司也做不到絕對的客觀。而這些感情因素多來自上司的親屬和朋友，這其中也包括秘書在內。在上司的眼裡，這些人的話未必正確。但總會對他的看法形成一些影響，如果這些影響總是負面的，那麼你與上司的關係也將難以維持。

按規矩辦事，只能說是一種美德

在現代職場上，靠著裙帶關係得到職位的人總被稱爲「皇親國戚」。他們跟老闆有著千絲萬縷的聯繫，而老闆卻把他放在你身邊，成了你的同事。這群人有一個最讓人頭疼的特點：得罪不得！

爲什麼？很簡單，因爲他們和老闆有關係。如果你得罪了他們，在人前踩他一腳，那麼，他就有可能在背後將你踢翻一個大跟斗。

玉梅是公司老總的侄女，可能這位「皇家格格」仗著自己是老闆的親戚，很受老闆的重用，也可能喜歡炫耀，言語張狂，總是一副小人得志的模樣。公司的小李、小趙心中對她鄙視不已，有一次言語間出現衝突，小趙對玉梅積怨以久，忍不住出言斥責：「妳算什麼東西，仗著跟老闆沾親帶故，就自以為了不起！」玉梅懷恨在心，藉著一件小事，在老闆面前告了小趙一狀。

像玉梅這樣利用關係走進公司的人不勝枚舉。得罪他們的人，隨時有可能被踩下去，這種故事在現代職場中早已司空見慣。

國強是某公司的人力資源主管，就因為得罪了「皇親國戚」，受到長官的冷落和同事的孤立。他心裡實在太鬱悶了，又不知道該怎麼排解，只好向一個好朋友傾訴心中煩惱。事情是這樣的：

國強之前一直在外商企業裡工作，進入現在任職的這家傳統企業才三個月。公司裡面有很多員工都是老闆的親戚或是資深主管的朋友。也就是說，這些人都不是靠自己的能力進公司的，而是靠關係在這裡當寄生蟲。國強對這類人十分反感及厭惡。他們辦事沒什麼真本事，本身的素質也不高，但在公司裡卻十分張狂，管理人員們對他們都敬而遠之。

身為人力資源部的主管，國強一直都認為公正是最重要的，不公正的待遇對一些認真工作的員工而言，始終都是最大的傷害，所以他在工作場合中總是力求公正。當然在年終績效考核的時候，國強也是按照章程實事求是地對這些「關係人士」進行考核。由於他們平時無所事事，並且無視公司的規章制度，經常遲到早退，有時候好幾天都找不到人，所以當然談不上有什麼績效了。所以國強給他們的初步考核成績都很低，沒有一個及格的。國強堅持認為「秉公執法」，沒什麼不妥。

但是，當國強把考核結果拿給部門主管看的時候，主管相當不滿意，把他狠狠地罵了一頓，並且責令他重新考核。為此，國強覺得非常委屈，他本來就是按規矩辦事，並沒什麼不妥。但畢竟無法抗拒部門主管的要求，只好重新做了一份績效考核。

從那以後，國強的工作更加艱難，那些「皇親國戚」不時給他難堪，同事對他也不像以前那麼熱情了，國強的工作情緒非常差。

從上面的案例中，我們看得出國強是一個追求公正，一切中規中矩的人。按理說他沒有什麼過錯，但事實是，按照規章制度辦事雖然看起來非常完美，但在很多時候，問題並不能完全按照硬性的規章制度來解決。

職場中，人際關係的協調確實不容易，如果不按制度辦事就有違規定，按照制度辦事又會爲自己帶來不少煩惱。因此，如何對待有背景的人，是很需要技巧的。

公司中，有背景的職員猶如企業中的「皇親國戚」，是公司中的一個特殊團體，他們與長官關係非比尋常，常常仗著自己的特殊身份在公司裡創造特例。他們的存在往往爲一般員工和中階管理者帶來很大的困擾，有很多人對他們心生埋怨、頗有微詞。但由於他們跟長官之間的密切關係，甚至可能左右長官的決策，所以大家對他們敢怒而不敢言。

一切按規矩辦事，在工作場合中只能說是一種美德，有時候需要一點小小的變通，因爲許多規矩其實是不會被寫入章程，但又必須遵循的，那就是人情世故的潛規則。

其實，人際關係中難免會有一些潛規則，不損害「皇親國戚」的利益，不與他們爲敵，就是其中之一。這也是與人際圈裡有背景的人交往的基本原則。千萬不要在言語上刺激他們，也不要在利益上與他們發生紛爭，尤其不要爲所謂「正義」而揭發他們，這樣做沒有什麼好處，只會害了你自己。

此外，爲了安全避開這片「皇親國戚」地雷區，唯一的方法就是不要輕視或怠慢他們，也不要與他們交往過於密切，保持一般的關係就可以了。不管他們的爲人怎麼樣，畢竟身份特殊。見面說些「今天天氣不錯」之類的話就夠了。除此之外，談別人的隱私，聊某人的不是、發誰的牢騷，都是不合適的。不要跟他們形成小圈圈，這樣只會讓你越陷越深，最終無力自拔。

請人打點小事，無可厚非

在每個部門裡，都有一些被長官器重的「紅人」。他們可能業績出色、能力特別優秀，或是與長官關係十分密切。

通常，長官總是喜歡經由這些紅人來瞭解下屬的情況。如果我們能夠與部門裡的那幾位紅人處理好關係，使他們在關鍵時刻替你說上幾句好話，往往比你努力表現自我更加有效。

小齊與鄭浩同在某研究機構的教學研究部門工作。鄭浩到這裡已經有七年的時間了，人緣不錯，也深受長官的器重，凡事都喜歡找他商量。小齊剛剛從學校畢業一年有餘，與鄭浩是校友，在工作上，兩人可以互相討論，關係也不錯。

後來發生了全球性的經濟衰退，該研究機構不得已必須裁減人事，教學研究部門也在精簡之列。一天，小齊約鄭浩出去喝酒。席間，小齊探問裁員傳聞的虛實，並請鄭浩適時幫一下忙，鄭浩心領神會。

教學研究部門長官和鄭浩探討人員調配，談到小齊時說道：「小齊人倒不錯，只是太年輕了點，我考慮將他調到別的點……」隨後對鄭浩說：「你在教學研究部門之中雖然資格不算太老，但是經驗豐富，我的安排對你研究的課題有無影響，我想聽聽你的意見。」此時，鄭浩正在研究「小學生遊戲與心理健康的關係」這一課題，教育局想把它列入研究成果申請經費。鄭浩說道：「研究進展工作比較順利，我們部門的人都參與了，但是大家在心理學這一部分，相對而言並不是很多。小齊恰恰彌補了我們這方面的不足，從我自己的角度考慮，最好不要將小齊轉調，如果確有困難，能否延緩幾個月？」「讓我們再考慮一下吧。」長官無奈地說道。最後，小齊當然留了下來。

這個例子說明，透過紅人對長官的間接美言，既可免除表功之嫌，又能夠得到較好的效果。

所以，平時在與同事交往中，要特別與某些紅人建立較爲密切的關係。有的同事並不願意或根本沒有想到可以請人幫忙做這種順水人情。其實應該這樣想，你只是適當地提醒對方幫忙，不一定非要明確說明，借著酒席宴上，半真半假地應付說：「你老兄可是大紅人，還望在長官面前替小的多多美言幾句。」

不過，值得注意的是，同事的好話一般只能在小事上起點作用，遇到大事情，就不可全部寄託在同事身上。同事或可幫忙打點底子，但真正的運作還是要靠自己去努力。

◆社會背景效應：要學會利用你的「背景」

許多佛像的背景都畫有光環，光環給人一種神秘和莊嚴的感覺，讓人在潛移默化中感覺到力量，這也可以稱為「後光力量」或者「背景力量」。

在現實生活中這種背景力量也會有一定的作用。比如說：我們在評論一個人的時候，常常會自然而然地結合這個人的社會背景、職業位階、經濟狀況、親屬地位、交友圈等等。心理學家將這種社會心理現象稱為「社會背景效應」。社會背景對一個人存在著重要的影響。如果你擁有非常理想的社會背景，無論是經濟狀況還是親屬關係，你的背景都很光鮮亮麗，那麼即使只是初次交往，通常你會比較容易得到對方的信任，接下來的交往相對也能順利進行。反之，人們對於社會條件不佳者，第一印象往往有所戒備，初步的交往也就沒那麼順利。

因此，若你剛好有鮮亮的背景，在職場人際交往中要打造好的人緣，或者是想得到自己想要的工作，不妨適當展示一下。正所謂「自己走百步，不如貴人扶一步」，善於利用背景，會讓你更快達到成功。

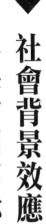

後門若走得通，何必非走前門不可

貴人的引薦和提拔往往是最強有力的敲門磚，能夠爲個人贏得更多的機會和廣闊的舞台。即使得不到貴人的親自提攜，就算只是站在貴人旁邊，也會對其他人產生某些震懾的力量。所以，與其依靠自己勢單力薄地「白手起家」，不如多多利用貴人，憑藉他們的能力與光彩，爲自己鋪就一條平坦的康莊大道。

有些人之所以成功，是因爲他們背後有著鮮亮的背景，靠著這些背景，他們得到比別人多的機會，使他們快速成長。善於利用這些鮮亮的背景，是很多成功人士把握機遇的關鍵第一步，也是他們成名的要素之一。

這個道理其實很容易理解。每個人的身上，都埋藏了成功的條件，但要使這些條件發揮出來的控制因素卻很多，其中就包括了背景。一個人擁有了鮮亮的背景，就好比一粒種子被投入了適合生長的土壤中，充分得到土壤的滋養並成長茁壯。比起沒有獲得營養的種子，它們的成功機會大大增加。

所以要善於利用自己的「鮮亮背景」來震懾別人。這些背景包括：高學歷、豐富的經驗，或者與某個「重量級」人物之間的聯繫。就像廣告總愛招攬名人爲其代言一樣，只要能跟「名人」扯上關係，也就能具有「品牌效益」。

某大學新聘的講師柯尹蘭，外表普普通通，毫無吸引人之處。這學期才成為系辦新成員的她，經常受到冷落。系裡有什麼好的福利待遇，總是最後一個才輪到她，外派學習的機會更是想都別想。最糟的是，這裡有個行之有年的潛規則，同一個辦公室裡較資深的老師可以把她當做助理，把諸如修改教學幻燈片，填寫一些行政表格的雜事都交給她做。

某天就在一夜之間，大家對她都換了一副臉孔，再也沒有人敢隨便指使她做這做那了。因為大家發現，這個一點都不起眼的小人物，居然是教育部某官員的親戚，於是大家都收斂了以前的做法。

其實，這個資訊就是柯尹蘭自己偷偷散播的。原本她因為害怕這層關係會引人閒話，所以刻意迴避。但當她發現同事們的態度太過倚老賣老，不由得便動用了這層關係讓自己做事容易些。事實證明這個方法是可行的。

這種辦法能在短時間內爲自己「增色」，讓忽略你的同仁們注意到你。不過要特別注意的是，這種方式必須小心適時地使用，千萬不要過火。要是你經常對同事們提起自己的「背景」，就難兔有炫耀之嫌了。沒有人喜歡愛炫耀的人，這一點是常理。抓準時機，適當的展露「背景」，才是明智之舉。

後門若走不通，就要自己學會變通

我們經常看到成功人士談起自己的心路歷程時，每每要感謝此人、感謝彼人。我們相信他們說話時的真誠，因爲大凡成功者的身前背後，確實總有一些給予過他們幫助的人，或者只是拉過一把，或者只是一個依靠，都值得感謝。在這個關係如此密切的時代，沒有人能單槍匹馬輕易獲得成功。

可是很多時候，我們身邊出現了貴人時，並不是我們不想用，而是貴人不願意幫我們。這時候該怎麼辦？打消利用貴人的念頭，只靠自己？這並不是最好的辦法。最好的辦法是：即便是後門走不通，我們也要學會變通，透過各種方式，把手上的貴人關係徹底地完整利用。說到這裡，不妨來看一個有趣的小故事。

軍機大臣左宗棠的知己有個兒子名叫黃蘭階，在福建候補知縣多年也沒有候到實缺。他見別人都有大官寫推薦信，想到父親生前與左宗棠關係很好，就跑到北京尋求左宗棠的幫助。可是左宗棠從來不為人寫推薦信，他說：「一個人只要有本事，自會有人用他。」一句話就將黃蘭階打發走了。黃蘭階沒有得到幫助，又氣又恨，離開左相府之後，就閒蹓到琉璃廠看書畫散心。忽然，他見到一個小店老闆正在臨摹左宗棠的字體，十分逼真，心中一動，便想出一條妙計。他請店主寫了柄扇子，落了款，得意揚揚地搖著扇子回福州去了。

這天正是參見總督的日子，黃蘭階手搖著紙扇，徑自走到總督堂上，總督見了很奇怪，便問黃蘭階：「外面很熱嗎？都立秋了，你老兄還拿扇子搖個不停。」

黃蘭階把扇子一晃：「不瞞大帥說，外邊天氣並不太熱。只是這柄扇子是我此次進京時左宗棠大人親自送的，所以捨不得放手。」

總督吃了一驚，心想：「我以為這姓黃的沒什麼後台，所以候補了幾年也沒給他實缺，不料他後面竟有這麼大的官給他撐腰。左宗棠天天跟皇上見面，他若惱恨我，只要在皇上面前說個一字半句，我可就吃不了兜著走了。」

總督向黃蘭階要過扇子來仔細察看，確實是左宗棠的筆跡，一點不差。他將扇子還與黃蘭階之後，便悶悶不樂地回到後堂找師爺商議此事，第二天就讓黃蘭階掛牌任了知縣。黃蘭階也很爭氣，沒幾年就升到了四品道台。

有回總督進京，正好見了左宗棠，討好地說：「宗棠大人故友之子黃蘭階，如今在敝省當了道台了。」

左宗棠笑道：「是嘛！那次他來找我，我就對他說：『只要有本事，自有識貨人。』老兄就很識人才嘛！」

黃蘭階能夠官拜道台，是靠著左宗棠這個大貴人爲背景，讓總督這個小貴人爲他升了官，這實在是棋高一著的鬼點子。我們暫且撇開清朝官場的腐敗以及黃蘭階欺世盜名的卑劣做法不談，單從借力的角度來看，黃蘭階正是看準了清朝官場的特點而想出這個求官對策，達到了自己的目的。

中國人的社會，自古就是個關係導向的社會，每個人每天都生活在「自己人」、「外人」的運作系統中而不自覺。當我們看到別人靠著關係處處方便、不按規矩辦事時，便會爲自己沒有關係可靠，必須公事公辦而埋怨不公平。但卻很少察覺自己也時常分別自己人和外人，也時常給人差別待遇。在所謂「自己人」的範圍中，有一類是非選擇性的——不是經由當事人自由選擇而成的自己人，如：父母、兄弟、親戚、長輩、老師、同學、同事等。有一類是選擇性的——因當事人自主選擇而成的，如：同事、同學中關係較特殊者。

「自己人」這個圈子，必須用人情水泥去和，因此對外自然是封閉的。關係的「關」字，也就是關門和通道的意思。只有自己人之間才會關心、關懷與關照，只有是自己人的時候，才能提供對方一條通道。前門走不通，就讓他走後門。當然，要是後門也走不通，我們不妨變通一下，「扯上關係就是勝利」。很多人的事業就是因爲他們會利用關係才能取得進展的。

第三章

你不保護自己，沒人會保護你。

Being Vicious in The Workplace

◆暗示效應：別讓上司的暗示擺你一道

所謂的暗示是指：用含蓄、抽象誘導的間接方法，對人們的心理和行為產生影響，誘導另一群人按照既定的方式去行動或接受一定的意見，使其思想、行為，與暗示者所期望的目標相符合。

根據研究指出，暗示效應就像一把雙刃劍，它可以拯救一個人，也可以毀掉一個人，關鍵在於接受者如何把握並運用暗示的意義。

職場就是人場。在職場上，我們也很容易受到別人的暗示。這個時候，如果暗示是積極的，那我們就會變得積極。如果暗示帶給我們消極的感受，那麼我們原先的想法就很容易受到影響而改變，甚至會造成讓自己後悔的結果。

那麼，面對別人的暗示，如何才能讓自己做到不後悔呢？低調者會選擇沉默是金。只要是自己認定正確且合理的事情，他們就會堅持走自己的路，絕不能被別人的看法左右。不管別人怎樣評論自己，他們都會坦然面對。反擊是既浪費精力又消耗時間的愚蠢行為，行動永遠比言論更有力量，只要我們看準自己的路，然後堅持下去，時間會證明一切。

做上司的都很會擺道

激勵員工是長官的必備技能，而擺道則是激勵的一種方法。沒有人敢說自己的長官絕對不會擺自己一道。我們對長官無法掌控，唯一能做的事情就是要努力看清長官的真實意圖。正所謂上有政策，下有對策，學會察言觀色，學會及時變通，將使我們從被動的狀態中解脫出來，爲免受失敗打擊埋下伏筆。

陳明波的工作態度十分盡責，對公司的業績增長有著很重要的貢獻。他覺得自己目前的薪水與業績不成比例，於是對上司說：「老總，待在公司的這段時間是我進入社會以來最開心的一段日子，只可惜……」

上司猛然醒悟了過來：「你要走？」

陳明波裝作很不情願地點了點頭，然後一臉痛苦地說：「工作這麼多年，對家人一直沒什麼貢獻。一家老小，都要靠我一個人的薪水，有時候還挺難熬的。」

上司若有所思地望著陳明波，拍了拍他的肩說：「我明白，我明白。」臉上的表情捉摸不定。

就在陳明波跟上司溝通過後不久，為了爭取一個大訂單，上司又一次把陳明波叫進辦公室。一進門上司就拍著陳明波的肩膀說：「這次是大單，你可要發揮水準。如果案子拿到了，你的好處不會少，這點你是知道的。」老闆嘻嘻哈哈地跟陳明波說。

陳明波見上司沒提加薪的事，反應有點淡漠。上司這時壓低聲音說：「你放心，你的事我一直放在心裡。不過，公司還有其他股東，我得讓他們對你的工作表現有所瞭解。這次這個案子你要用心去做，做出了成績，公司一定不會虧待你！」

忙了一個多星期，最後終於把案子搞定了。陳明波大大的鬆了一口氣，望著上司的辦公室笑了笑，期盼著加薪和升職的到來。但是，兩天後，陳明波發現自己開始無事可做。第四天，又發現電腦裡的客戶資料不見了，顯然是人為所致。第五天，他的電腦被人更改了密碼，公司內部系統無法進入。這些情況接二連三出現，陳明波正摸不著頭腦的時候，上司把陳明波叫進了他辦公室。

「很不好意思。」他坐在大型長官椅後面，滿臉春風地對陳明波說：「因為很多原因，公司這次沒有同意我提出讓你出任副總的提議。」

陳明波的心突然沉了下來，正要問為什麼，上司卻一擺手：「不過，你辭職的事公司已經通過了。」說到這裡他從抽屜裡拿出了一個信封：「這是你的工資，我幫你結算好了，免得你親自去會尷尬。」

上司又笑著說道：「你可以去那家想挖角你的公司上班，當然，如果這家公司存在的話。」瞬間，陳明波覺得自己真的一個頭兩個大了。

這個案例告誡我們：不要輕信長官對你的許諾，或是任何關於升職或加薪的暗示。因爲上司在這些方面是最敏感的。

你常常要經過一段不短的時間，才會發現原來自己的老闆只是嘴巴上說說而已，他總是說得比誰都好聽。這種上司會答應你各種各樣的要求，包括加薪，甚至提供各種便利條件，問題是從來不兌現。

對待這樣的上司不要抱怨，如果讓他下不了台，他可能會很生氣，因爲對他來說，他更害怕的是他的老闆，而不是你。爲了達到加薪的目的，你其實可以先準備好所有的事實，然後寫一份書面報告證明你的薪水低於市場平均水準，這樣長官也就只好履行自己的諾言，把加薪意見轉給大老闆。若是害怕加薪會引起同事的不快，你也可聯合同事們一起向老闆提出要求。唯一要注意的是，盡量減少上司可能要爲你冒的風險，越小越好。

另外，許多長官都喜歡讚美下屬。如果長官爲了鼓勵下屬，或爲下屬承擔責任而不計小過，作爲下屬的當然很受用。但如果長官心裡對你有其他想法，但表面上卻仍然對你大加吹捧，你就要小心了。應細心聽出長官的真實意圖，以防被長官來個措手不及！

現代社會多元，長官也是多元化，不同的長官對各種事情都有不同的作法。當然，小心眼和真正喜歡擺道的長官畢竟還是少數，有的長官只是透過某些類似擺道的方法來來測驗你的應變能力，有的長官則會利用一點點小手段來考察你對公司的忠誠度。即便真的遇到被長官擺道的狀況，我們也不要悲觀失望，或是關起門來感嘆自己時運不濟。俗話說：「變則通，通則久。」塞翁失馬，焉知非福，這或許正是你下一步成功的契機。

靠山山倒，靠人人跑，靠自己最好

你在老闆眼裡也許只是過客，沒有舊情，無論何時，天下永遠要靠自己打拼，再穩固的靠山，也不如自己的聰明和才智。所以在職場中，任何時候都不要讓工作主導，失去了自我。人生難免起起落落，很多人處於不利的困境時總期待借助別人的力量來改變現狀。殊不知，在這個世界上，最可靠的人不是別人，正是你自己。爲何總想著依賴別人，而不依賴自己呢？

羅伯特．菲利浦是美國一位很有名的專家，專門從事個性分析。有一次他在辦公室裡接待了一位因企業倒閉而負債累累，不得不離開妻女四處為家的流浪漢。那人一進門就說：「我來這兒，是想見見這本書的作者。」說著，他從口袋中拿出一本名為《自信心》的書，那是羅伯特多年前的著作。

流浪漢說：「一定是命運之神在昨天下午把這本書放入我的口袋裡的，因為我當時決定跳入密西根湖了此殘生。我已經看破一切，認為人生已經絕望。所有的人，包括上帝在內，都已經拋棄了我。但還好，我看到了這本書，它使我產生了新的看法，為我帶來了勇氣及希望，並支持我度過昨天晚上。我已經下定決心，只要我能見到這本書的作者，他一定能協助我再度站起來。所以我來了，我想知道你能替我這樣的人做些什麼。」

在他說話的時候，羅伯特從頭到腳打量著這位流浪漢，發現他雙眼茫然、神態緊張。這一切都顯示，他已經走投無路了。但羅伯特不忍心對他這樣說。於是，羅伯特請他坐下，要他先把自己的故事完完整整地說出來。

聽完流浪漢的故事，羅伯特想了想說：「雖然我沒有辦法幫助你，但如果你願意的話，我可以介紹你去見這幢大樓裡的一個人，他可以幫助你賺回你所損失的財富，並且協助你東山再起。」

羅伯特剛說完，流浪漢立刻跳了起來，抓住他的手說道：「看在老天的分上，請帶我去見見這個人。」

流浪漢既然提出這個要求，就表示他心中仍然存在著一絲希望。於是羅伯特拉著他的手，引著他來到實驗室，和他並肩站在一面窗簾之前。羅伯特把窗簾拉開，露出一面高大的鏡子，羅伯特指著鏡子裡的流浪者說：「就是這個人。在這個世界上，只有這個人能夠使你東山再起，除非你坐下來，徹底認識這個人——當做你從前並未認識他——否則，你只能跳到密西根湖裡。因為在你對這個人沒有真正充分認識之前，對於你自己或這個世界來說，你都只是一個沒有任何價值的廢物。」

流浪漢朝著鏡子走近了幾步，用手摸摸自己長滿鬍鬚的臉孔，對著鏡子裡的人從頭到腳打量了幾分鐘。然後後退幾步，低下頭，開始哭泣起來。過了一會兒，羅伯特領著他走出電梯間，送他離去。

幾週後，羅伯特又在街上碰到了這個人。他不再是一派流浪漢形象，他西裝革履，步伐輕快有力，頭抬得高高的，原來的衰老、不安、緊張已經消失不見。他說，感謝羅伯特先生讓他找回了自己，並很快找到了工作。後來，那個人真的東山再起，成為芝加哥的富翁。

人要勇敢地做自己的上帝，因爲真正能夠主宰命運的人就是自己，當你相信自己的力量之後，腳步就會變得輕快，你就會離成功越來越近。

從二十一世紀的競爭環境來看，社會對於人才素質的要求很高，除了要具備良好的健康和智力水準，還必須具備生存意識、競爭意識、科學意識以及創新意識。這一切都要求我們從現在開始注重各方面能力的培養，只有使自己成爲一個全方位高素質的人，才能在未來的環境中站穩腳跟，取得成功。

人若失去自我，是一種不幸；人若失去自主，則是最大的缺憾。每個人都應該有自己的一片天地和特有的亮麗色彩。你應該果斷地、毫無顧忌地向世人展示你的能力、你的風采、你的氣度、你的才智。在人生的道路上，必須自己做選擇，不要總是踩著別人的腳印走，不要聽憑他人擺佈，而要勇敢地駕馭自己的命運，調控自己的情感，做自己的主宰，做命運的主人。

善於駕馭自我命運的人，就是最幸福的人。只有擺脫依賴，拋棄拐杖，擁有自信能夠自主的人，才能邁向成功的大門。自立自強是走入社會的第一步，也是打開成功之門的鑰匙，更是縱橫職場的法寶。在職場中，上司不喜歡唯唯諾諾的下屬，更不喜歡沒有自我，沒有主見的員工。相信自己吧，你就是最棒的！

做自己，最得意

每個人都有自己的生活方式，永遠只有你自己能決定你會成爲什麼樣的人。一旦人生軌跡被別人所左右，你將被這個世界真正遺棄。

有一則故事，可以給在職場上翻滾的我們一些警示和啓迪。

有個人想改變命運，於是他跋山涉水歷盡艱辛，最後在熱帶雨林找到一種樹木，這種樹木能散發出濃郁的香氣，放在水裡不像別的木頭一樣浮在水面而是沉到水底。他心想：這一定是價值連城的寶物！於是便滿懷信心地把香木運到市場去賣，可是卻無人問津，為此他深感苦惱。

每天他見到隔壁攤位上的木炭總是很快就能賣完，一開始他還非常堅持自己的判斷，但時間終於讓他改變了初衷，他決定將這種香木燒成炭來賣。結果很快被一搶而空，他十分高興，迫不及待地跑回家告訴父親。父親聽了他的話，卻不由得捶胸頓足。原來，被兒子燒成木炭的香木正是稀有的沉香，只要切下一塊磨成香粉，價值就超過一車的木炭。

本來憑藉著沉香木就可以變成富翁的他，依然沒有擺脫原來的生活。追其根源，就是自己的「有眼無珠」。所以說，你是誰，你會成爲什麼樣的人完全由自己來決定。

其實，塵世間每一個人，都有屬於自己的「沉香」。但世人往往不懂自己的珍貴之處，反而老是羨慕別人手中的木炭，最後終於讓世俗的塵埃蒙蔽了自己的智慧。

世界上充滿了來自外界的命令，大家都告訴你「應該」怎麼做，「不應該」怎麼做。不管是來自宗教、社會、家庭、工作單位或長輩，對於你應該是誰，應該怎麼做，都有各種各樣的想法。但是，除了你之外，沒有一個人比你更清楚自己的路線。或許他們指出的重點和你的某些意願剛好一樣，但大多數卻都是不符合的。只是許多人多半選擇放棄，退回到這些外來意見所指示的方向，走回看似安全的路線。

一個原本有著獨立精神的小人物，發現遵從比挑戰更有吸引力，於是便放棄了挑戰。走權威走過的路意味著「非常便利」，選擇開闢好的道路是便利的，沒有問題和挑戰。但是做了這個選擇的人，必須以失去全部熱情爲代價——毫無疑問地，這是一個沒有後悔藥的交易。

有一個故事是這樣的：

有一次白雲守端禪師和他的師父楊岐方會禪師對坐，楊岐問：「聽說你從前的師父茶陵郁和尚大悟時說了一首偈，你還記得嗎？」

「記得，記得。」白雲答道：「那首偈是：『我有明珠一顆，久被塵勞關鎖，一朝塵盡光生，照破山河萬朵。』」語氣中免不了有幾分得意。

楊岐一聽，大笑數聲，一言不發地走了。

白雲當場怔住，不知道師父為什麼笑。接下來一整天心裡都犯愁，不停思索著師父的笑，怎麼也想不出原因。

那天晚上，他輾轉反側睡不著。第二天實在忍不住了，大清早便去問師父為什麼會大笑。

楊岐禪師笑得更開心，對著因失眠而眼眶發黑的弟子說：「原來你還比不上一個小丑，小丑不怕人笑，你卻怕人笑。」白雲聽了，豁然開朗。

很多時候我們總會陷入別人對我們的評論之中。別人的語氣、眼神、手勢……總是會在不經意中攪亂自己的心，消滅我們往前邁步的勇氣，甚至整天沉迷在愁煩中不得解脫，白白損失自由快樂的權利。每個人都有自己的生活方式，如果你不能爲自己做主，那麼你註定要被社會遺棄。

職場中，我們總會陷入上司、同事給我們的評論之中，他們的語氣、眼神、手勢……總是會在不經意中攪亂我們的心。很多人正是因爲受了別人的影響，才失去了向前邁進的勇氣。其實，你就是你，跟任何人無關。你想怎麼做，你想變成什麼樣子，歸根結底都由你自己決定。

◆金魚缸效應：別讓自己太透明

金魚缸是玻璃做的，透明度很高，不論從哪個角度觀察，裡面的情況都一清二楚。「金魚缸效應」也可以說是「透明效應」。如果告訴你，你的辦公室就是一個透明的金魚缸，辦公室內沒有密不通風的牆，你會不會馬上提高警覺？

事實就是如此，辦公室裡沒什麼密不透風的事，也沒什麼堅不可摧的祕密。如果我們不想讓自己被別人看得太透，不想成為別人隨便拿捏的對象，就要正視這些潛規則：不要讓自己完全透明，不要推心置腹地把心事全部告訴同事。因為，私事就像一顆地雷，讓別人知道了地點，就有隨時引爆的危險。

感情再好也不與同事分享秘密

職場上充滿著激烈的競爭，如果別人的小辮子被你抓住了，那麼你就有了制服對方的有力武器。同樣，如果你的小辮子被別人抓住了，別人就有了制服你的法寶。

所以，爲了在職場安全的生存，我們必須爲自己的隱私上一把鎖，不該說的話不要在職場上隨便說。即便你們是哥們、是死黨，也不該隨便把隱私暴露給別人，尤其是關係你命運的隱私更不要說。

姜國濤剛入職場時，懷著很單純的想法。像大學時代對室友們無話不說一樣，常將自己的經歷及想法毫無保留地對同事講。

工作能力很強的姜國濤才沒多久，就因出色的表現成為部門經理的熱門人選。但他曾無意中告訴同事他的父親與董事長私交甚好，從此，大家對他的關注總是集中在他與董事長的私人關係上，而忽視了他的工作能力。最後，董事長為了顯示「公平」，任命了另一個能力和他差不多的職員為部門經理。

如果姜國濤當初保護好自己的隱私，也許就能得到這個升職的機會。同事畢竟同時是工作夥伴又是競爭夥伴，在與同事交際當中，一定要掌握好保護隱私的尺度。自己的秘密不要輕易示人，守住秘密是對自己的尊重，也是對自己負責的行爲。秘密只能獨享，不能作爲禮物送人。再好的朋友，一旦你們的感情破裂，你的秘密就有可能人盡皆知。受到傷害的人不僅只你，還有秘密中牽連到的所有人。

小人總愛見縫插針、有機就乘，你的秘密或許就是他們想鑽的漏洞。防範小人，首先要學會識別，如果識別不出來，那就儘量管好自己的隱私，千萬不要把同事當心理醫生。有些同事喜歡打聽別人的隱私，一旦遇見這種人，就更要「有禮有節」。不想說時就禮貌而堅決地說「不」，千萬不要把分享隱私當成打造親密同事關係的途徑。適當地保護隱私，就是保護前程，保護交際圈，保護生活穩定。要知道，世界上沒有什麼事情是固定不變的，人與人之間的關係也不例外。今日爲朋友，明日成敵人的事例屢見不鮮。把自己過去的秘密完全告訴別人，一旦感情破裂，對方不僅不會爲你保密，還會利用所知的秘密當做制衡你的把柄，到時後悔也來不及了。

輕信是被算計的開始

職場上貌似風平浪靜，實則暗流洶湧。真正的智者會臨危不懼，而愚者則會聽風是雨，爲別人所利用。這裡的「聽風是雨」講的便是所謂的「輕信」。

在辦公室內，爲了讓自己更加安全，不僅要做到爲自己的隱私加把鎖，還要做到不要隨隨便便相信別人。因爲，輕信別人就是被算計的開始。

一隻狐狸一不留神掉進了井裡，怎麼也爬不上來。正當絕望的時候，有隻小山羊來到了井邊。狐狸一看，頓時高興起來，連忙帶著哭腔對小山羊說：「山羊兄弟呀，快救救我吧，再不上來我就會死在井裡了。」

狐狸見小山羊不為所動，眼珠子一轉又說：「老兄，你媽媽不是常常教育你要助人為樂，做一隻好山羊嗎？如果你見死不救，怎麼做一隻人見人誇的好山羊呢？」

小山羊聽了狐狸這番話，不假思索便跳了下去。一到井底抬頭一看，這才發現井口太高，沒辦法上去了，山羊著急地問狐狸：「你最聰明，趕快想個辦法，咱們好出去呀！」

狐狸說：「山羊兄弟，別著急，我有一個辦法能讓咱們兩個都出去，但就是得委屈你一下。」

「快說吧，只要能出去就行！」小山羊連忙說。

狐狸接著說：「你用前腳趴著井壁，然後把角放平，等我從你身上跳出去後，我就把你拉出來。」

小山羊欣然同意了。於是狐狸踩上了小山羊的角，兩隻前爪剛好搆到井沿，兩條後腿用力一蹬，就跳了出去。

「啊，終於出來了。」狐狸鬆了口氣，拍拍前爪，轉身就走。

小山羊在井裡急了，對狐狸喊道：「你別走啊！你還沒把我拉上去呢！你不能說話不算話啊！」

狐狸轉過身，趴在井口，冷笑著說：「你這隻愚蠢的小山羊，還是自己想辦法吧！如果你的腦細胞像你的鬍子那麼多的話，剛才就不會還沒看好出路就跳下去了！」

說完，狐狸揚長而去，小山羊這才知道上當，可是為時已晚了。

故事中的狐狸之所以能夠成功求生，靠的是其一貫狡猾的伎倆。小山羊之所以上當受騙，就是因爲太過輕信狐狸。

同樣，在職場上爲了不遭人算計，我們不妨讓自己有點城府。別一說到「城府」二字，你就覺得可怕，感到反感。其實從另一個角度看，「城府」難道不是一種人生智慧的代名詞嗎？讓自己有點「城府」，不要太老實，周圍的人就不會把你看成老實的庸才。心有城府，才能在適當時機先發制勝。

當你鑽進別人的圈套時，不要抱怨別人太陰險，反而要感謝這個教訓，下一次才能更小心。面對上司也一樣，上司口口聲聲說對你很放心，事實可能正好相反。所以，同事的好意不要盲目相信，上司的信任不要樂觀相信。你可以不聰明，但不可以不小心，更千萬不可大意。

◆虛表效應：不得不防的「好心人」

所謂虛表效應，從字面意思來理解，「虛」就是虛假；「表」就是表面，或者說表象。虛表效應是指人們表現出來的只是虛假的表面，而並不是真實的自己。所謂「知人知面不知心」就是虛表效應的真實寫照。

無論是在生活中，還是職場上，虛表效應都是一記警鐘。看人看事不能只看表面，有些人或許只是金玉其外敗絮其中。所以，無論在職場還是生活中，都要擦亮眼睛，儘量看清身邊的每個人，小心讓那些不是好人的「好心人」尋到了機會，讓小人有機可乘。

不懂算計沒關係，至少要有戒心

職場人際關係錯綜複雜，在強敵如林的競爭者當中，不乏冷若冰霜的自私者，但更可怕的是笑裡藏刀的「好心人」。這些「好心人」就像是一隻「披著羊皮的狼」，往往戴著友善的面具，一臉溫順，有著不錯的人緣，但心裡隨時隨地盤算著自己的小算盤，甚至在背後做起損人利己的勾當。

喬治和鮑爾同在愛德爾大飯店餐飲部掌廚。鮑爾在公司人緣極好，他不僅手藝高超，且總是笑臉迎人，待人和氣，從來不為小事發脾氣，和同事和諧相處，永遠樂於幫助別人。同事對他的評價很高，都稱他為「好心的鮑爾」。

一天晚上，喬治有事找經理。一到了經理室門口，就聽到裡面正在說話，並且依稀有鮑爾的聲音。他仔細一聽，原來是鮑爾正在向經理抱怨同事的不是，平日發生的諸多小事，都被鮑爾加油添醋地說了出來。比如：湯姆把餐廳的菜單拿給同樣經營餐館生意的叔叔參考；還有瑪麗平時工作不認真，經常在工作時間跟朋友講電話；他還說了喬治的壞話，借機抬高鮑爾自己。喬治聽了，不由心生一陣厭惡。

從此以後，喬治對於鮑爾的一舉一動，每一個表情，每一句話都充滿了厭惡和排斥感，無論他表演得多好，說任何好聽的話，喬治都對他存有戒心。同事也從喬治的表現看出了些端倪，漸漸也對鮑爾敬而遠之了。

鮑爾的可怕之處在於他的笑裡藏刀，讓你找不出誰才是使你蒙受不白之冤的幕後黑手，也讓你分不清誰是敵、誰是友。「好心人」在工作場合中，面帶笑容，表現得特別友好。暗地裡卻使手段造謠，傷人於無形。這種人往往容易讓人吃了虧還不知道是怎麼回事，因爲許多人壓根兒就不知道這一巴掌是從哪裡打過來的。

所以在職場中，爲了讓自己能更安全地生存，在與人相處時，我們不能只注意表象，也不能僅從某事來判斷一個人。很多僞善和假象常欺騙我們的眼睛，只有擦亮雙眼，提高警覺，仔細觀察，謹慎處世，才能看出誰是狡猾的「好心人」，並在心理增設一道防線，防止自己受傷害。

你不挖洞給人跳，人會挖洞給你跳

有句話說：「對於迎面而來的敵人，我總能應付；但是對於來自身後的狙擊，我卻總是無法保護自己。」明槍易躲，暗箭難防！防微杜漸，不給小人興風作浪的機會，才是避免自己栽跟斗的預防之道。

「安史之亂」平定後，郭子儀立下了汗馬功勞，不免招來許多人眼紅，為防小人嫉妒，他一言一行都無比小心。有一次，郭子儀生病了，有個叫盧杞的官員前來探望。

盧杞是個聲名狼藉的奸詐小人，相貌奇醜，臉色烏青，臉形寬短，鼻子扁平，鼻孔朝天，眼睛小得出奇，街上婦女看到他都不免掩口失笑。

郭子儀聽到門人報信，立即要家裡的女眷們避到一旁不要露面，由他獨自待客。

盧杞走後，女眷們才又回到病榻前問郭子儀：「許多官員都來探望您，您從來不會要我們迴避，為什麼此人前來就要我們都躲起來呢？」

郭子儀微笑著說：「妳們有所不知，這個人相貌極為醜陋而內心又十分陰險。妳們看到他萬一忍不住失聲而笑，他一定會心存嫉恨，如果此人將來掌權，我們的家族就要遭殃了。」

郭子儀對盧杞太瞭解了，在與他打交道時處處小心謹慎。後來，盧杞當了宰相，果然極盡報復之能事，以前稍有得罪於他的人，都被他加以陷害，獨獨對郭子儀另眼相看。

小人像瘟疫，與其對付他們倒不如像郭子儀那樣以預防爲先。俗話說，樹林子夠大，裡面什麼鳥都有。如果你想成爲一個贏家，就必須學會防備任何可能會出現的麻煩。即便是平常很善良的人，一旦他的利益受到損害，同樣也會變成「惡人」。同事圈中的小人，我們不得不防。其中像盧杞這種，一眼就看得出是小人的人，倒還算容易對付。可怕的是那種表面上忠心耿耿，暗地裡卻心狠手辣之輩，最易疏於防範。

小梁的業務能力比較強，為了有好的表現，她一直很努力工作，誰知她的好同事小雲似乎也注意到她的努力了。那天，組長要小梁為一項提案進行完整的規劃和進度安排。她興奮不已，心中暗暗發誓，一定要好好規劃，以免辜負了組長。小梁花了四天三夜不眠不休的構思，終於把提案做完。可是人算不如天算，由於小梁只顧加班，忘了休息，做完提案之後便病倒了。於是，她只好請小雲代替自己將提案交給組長。

可是，等小梁病好上班後，一個星期都過去了，組長對她的提案也沒有任何表示。又過了一個星期，仍是毫無音訊，她也不好意思再向組長追問提案的結果。

就在她打算放棄這個提案之際，組長召集大家到會議室開會，當眾讚美她的好同事小雲，說小雲針對這次活動提出的計畫非常好，值得大家學習。

接著，就發給每人一份計畫書，開始分配安排工作。並強調有的同事以裝病為由，推卸責任。小梁簡直委屈極了，再一翻開計畫書，更是驚訝得目瞪口呆，簡直不敢相信自己的眼睛。一頁一頁地看下去，原來那正是她請小雲交給組長的那份提案！小雲甚至連一個字也沒改過。小梁真後悔當初完全信任小雲，以至於提案交出去時，連一通電話也沒有親口讓組長知道。

現在，就算她站出來說這是她寫的，又有任何證據可以證明，有誰會相信她呢？

在工作場合中，千萬不能忽視小人的存在，他們就像埋在交際場上的地雷，殺傷力非一般所想。一旦踩到了，說不定會粉身碎骨。現代社會競爭激烈，小人不得不防，在沒有徹底認清一個人的真面目之前，提防是最好的保障。在某些行業當中，同事之間當面一套，背後一套，明裡互相幫助，暗地裡結黨營私，互相拆台。身爲公司的一分子，你雖然不會挖洞給別人跳，但還是要小心對待公司裡的同事。

越是厲害的小人，越要與之親近

對付小人並不一定要用卑劣的言辭，給點甜頭，同樣可以達到傷小人於無形。對待小人，暗算遠比一刀斃命更直接有效。要知道，小人得勢的時候，免不了心存驕傲，自以爲是。如果直接和這些人對抗，勝算恐怕不多。但是在他們極度驕傲時多加吹捧，這些人愈加得意，就會愈加驕橫，免不了便會幹下種種不法之事。一旦積怨夠深，他們的好日子便不多了。

西漢末年，虞延任職戶牖亭長，當時的權臣王莽有一寵妾魏氏。因王莽權傾一時，魏氏又得盛寵，使得魏家門客總是橫行霸道，無人敢惹。虞延掌理治安，為此頗受攻擊，說他包庇惡人，諂媚權貴。

一次，虞延的好友被魏家的門客打傷，他心中氣憤，便上門對虞延說：「惡人勢大，都是你縱容的結果，你敢承認嗎？我今日被打，你若不嚴辦，只怕他日受傷的就是你自己了。」

虞延安慰好友幾句說：「你不知我的用心，我也不怪你責怨我了。要知魏家的門客之所以敢如此放肆，不過是仗著王莽的權勢罷了。他們現在所犯的都是小錯，我若逮捕他們，不但不足以嚴懲，反會讓他們有所戒備，更無法除害了。就讓他們認為我不敢惹他們，正好可以利用此節，讓他們罪行暴露，到時王莽也無話可說。」

一日，虞延擺下酒宴，請魏家的幾個門客喝酒。在酒宴中，虞延故作親熱地和他們交談，還出言說：「各位乃是貴客，自與常人不同。有人告你們侵擾鄉鄰這一點，我是不會相信的。再說，你們樹大招風，無端遭受攻擊也是常事，怎麼能怪你們反擊？」

幾位賓客聽之大樂，以為虞延和他們是同一路的，便與虞延稱兄道弟起來，根本不將他當做外人。

虞延的家人勸他辭官：「無論怎樣，你這個小官也只能受氣，何必兩頭為難呢？逮捕生事的賓客勢必得罪王莽；讓他們橫行，鄉鄰又都私下罵你失職。為了遠離災禍，還是乾脆辭官吧！」

虞延為人正直，常存報國之心，他既已下定決心為民除害，自不會聽家人勸告。他暗中派人監視魏家的門客，又吩咐說：「若只是小事，就不要管他們。但若他們犯了大案，請你們必定速來回報。」

魏家的門客照舊小事不斷，眼見虞延根本不會懲戒他們，氣焰就更囂張了，全然沒有顧忌。一日，他們竟公然搶奪十幾戶人家的財物，還大搖大擺地用車載運。監視他們的人立刻向虞延回報，虞延馬上率領官兵闖入魏家，把門客通通抓起來，並依法判了他們重罪，打入大牢。

身邊有小人得勢時，不妨讓他們吹一陣甜蜜的風，等到他們飄飄然之後，再一網打盡，小人對你的威脅自然會化解於無形。

職場中，難免會遇到一些專門欺善怕惡的人。聰明人與小人打交道，一般都不會輕易招惹或得罪他們。與其和小人硬碰硬，不如溫水煮青蛙，讓他們死得莫名其妙。

◆青蛙效應：沒有危機感就是最大的危險

「青蛙效應」源自十九世紀末一次著名的青蛙試驗：有人將一隻青蛙放在煮沸的大鍋裡，青蛙立即竄了出去。後來，人們又把青蛙放進一個裝滿涼水的大鍋裡，然後用小火慢慢加熱，青蛙雖然可以感覺到外界溫度的變化，卻因惰性而沒有立即往外跳，直到最後熱度難忍時，卻已經失去逃生能力而被煮熟了。

科學家分析之後認為，這隻青蛙第一次之所以能逃離險境，是因為受到沸水的劇烈刺激。但第二次因為沒有明顯感覺到刺激，便失去了警惕，沒有了危機意識，只覺得這溫度正好。直到感覺到危機時，已經沒有能力從水裡逃出來了。

青蛙效應的寓意是說：若是不要像實驗中的青蛙那樣，在安逸中死去，就必須保持危機意識。職場中沒有永遠的紅人，危機感不僅是督促一個人進步的泉源，也是使人成長發展的重要動力。一個失去危機感的員工，會變得安於現狀、裹足不前，那麼在他面前等待的，就只有被淘汰的命運。

記住害怕的感覺

危機是個人成長的信號。如果安於現狀，看不到自己所面臨的競爭和危機，那麼就必定會被未來社會所淘汰。一個人應當給予自己機會跟上時代前進的步伐，應當學會和自己比賽，每天都要淘汰掉那個已經落後的自己。如果你不主動淘汰自己、超越自己，那麼必將遭到別人超越和淘汰。

新年假期恢復上班的第一天，威廉就收到公司解除雇用合約的信。

尊敬的威廉・懷特先生：

非常遺憾通知您，經過董事會的討論，本公司決定與您解除雇傭關係。請速至財務部和人力資源部辦理相關手續。

董事會

威廉感到非常困惑，自從他任職該公司在內華達州的銷售副總以來，一直兢兢業業地工作，雖然過去三年銷售業績不太理想，但基本上都還保持著遞增狀態，為什麼突然就被炒魷魚呢？威廉帶著疑惑，來到總經理的辦公室。

面對威廉的疑惑，總經理告訴他，公司與他解約的原因並非因為去年業績不理想，而是擔心今年的業績會更糟。人力資源部對威廉的評估指出，威廉的工作態度、管理技能都不錯，但由於缺乏危機意識，不能及時掌握市場動態，董事會認為他可能無法應付今年更加激烈的競爭狀況。

職場之中沒有永遠的紅人，在競爭日益激烈的今日，不是自己淘汰自己，就是被別人淘汰。我們必須主動出擊，抓住一切機會提升自己的能力，讓自己逐漸強大，否則將會失掉競爭和生存的能力，剩下的，就只有蹉跎了歲月的遺憾。

一個主動超越自我、淘汰自我的人一定是個充滿危機感的人，正是這種危機感給予他們不斷超越自我的動力。相反，一個驕傲自滿的人一定很少感受到危機感，這樣的人只會故步自封，窮其一生也很難有很大的作爲。

不努力工作，就只能努力找工作

上古時候，恐龍和蜥蜴共同生活在古老的地球上。

一天，蜥蜴對恐龍說，天上有顆星星越來越大，可能會撞到我們。恐龍卻不以為然地對蜥蜴說：「該來的終究會來，難道你認為憑咱們的力量可以把這顆星星推開嗎？」

幾年後，那顆越來越大的行星終於撞到地球，引起了強烈的地震和火山噴發，恐龍們四處奔逃，但最終還是難以避免地在災難中死去。而那些蜥蜴，則鑽進早已挖掘好的洞穴裡，躲過了災難。

蜥蜴的聰明之處，在於知道雖然自己沒有力量阻止災難的發生，卻有力量去挖洞，爲自己準備一個避難所。這雖然只是一個寓言故事，卻是很好的警示和啓迪。故事中的災難在我們身邊也會發生。

隨著時代的變遷和企業的發展，雇主對於員工的要求越來越高。職場中流傳著這樣的話：「今天工作不努力，明天努力找工作」，「腦袋決定錢袋，不換腦袋就換人」。如果不提前爲自己的未來做好各種準備，不努力學習新知識，那麼，正如故事中的恐龍一樣，被淘汰的命運很快就會降臨到你的身上——如果你不主動淘汰自己，最後結果就會被別人淘汰。

價值是一個變數，也會隨著競爭的加劇而「打折」。今天，你可能是一個價值很高的人，但如果你缺乏危機意識，故步自封，滿足於現狀，明天你的價值就會貶值，面臨生存危機。

林東旭是某集團公司的員工。他剛到公司的時候非常努力，很快就在工作場合中獲得傲人的成績。由於他聰明能幹，年輕好學，很快就成了老闆眼前的紅人。老闆非常賞識他，進入公司不到兩年，他就被提拔為銷售部總經理，薪水一下子翻了兩倍，並且得到公司配車。

剛坐上總經理大位那陣子，林東旭還是像以前那樣努力勤勉，每一件事情都做得盡善盡美，並且經常抽出時間進修，參加培訓，彌補知識和經驗方面的不足。

時間一久，就經常有朋友對他說：「你太無聊囉？你現在已經是總經理了，還那麼拼命做什麼？要學會及時行樂才對啊，再說老闆又不會檢查你做的每一件事情。就算你做得再好，他也不知道啊。」

這類的話多聽幾次之後，林東旭果然變「聰明」了。他學會投機取巧，學會察言觀色和想方設法迎合老闆，不再把心思放在工作上，也放棄了很多的進修計畫。如果他認為某件事情老闆會過問，他就會刻意把這件事做得很好。如果他認為某件事情老闆肯定不會過問，他就丟給屬下去做，做得好不好根本不管。公司裡也很少見到他加班的身影了。

終於，在一次中高層主管會議中，老闆發現林東旭隱瞞了很多問題。年底的績效考核中，林東旭有好幾項考核成績也大不如前，失望之餘，老闆解聘了林東旭。

一個本來很有前途的年輕人就因爲喪失了危機感，安於現狀，而失去事業發展的大好機會。

古人云：生於憂患，死於安樂。一味沉湎於過去的成績，不思進取，只會使自己停滯不前，甚至很可能像林東旭那樣從雲端跌落。動物界中，缺少天敵的動物往往體質虛弱，不堪一擊。而擁有天敵的動物往往體質強壯，生命力強。危機感不僅是企業組織常青的基石，同時也是進取的泉源，是成長發展的動力。

◆瀑布心理：禍從口出，安全第一

簡單來說，瀑布心理類似「說者無意，聽者有心」的心理效應，指的是人們在溝通過程中，某人只是隨便說一說，卻引起聽者巨大的心理反應，就像「一石激起千層浪」般。

職場上也是如此，在與同事溝通的過程中，資訊發出者的心理或許會比較平靜，但接受者卻生起不平靜的心理，導致別人態度和行為的變化。因此，為了在職場上安全生存，說任何話前最好先三思，並記住「三不」：不要口若懸河；不要對工作相關的人大吐苦水；不要在背後說人閒話。

該說的才說，不該說的不要說

俗話說：「病從口入，禍從口出。」很多糾紛都是因爲人們說話不慎而引起的。身在職場，我們一定要嚴格要求自己，要多思慎言，在說每句話之前，一定要仔細思考一番。特別是公司裡的秘密，更要做到守口如瓶。

多思慎言，保守職業秘密，是每一位智者的處世妙方。當然，能保守住職業秘密也是一個人忠誠的表現。

無論以何種形式出現，誘惑永遠是忠誠最大的陷阱，也是對忠誠最大的考驗。面對誘惑，無數人禁不住考驗而喪失忠誠，昧著良知出賣了一切。其實，當他在出賣一切的時候，也同時出賣了自己。

某公司銷售部劉經理和董事會發生意見衝突，雙方一直未能妥善處理，為此劉經理耿耿於懷，準備跳槽到另一家競爭對手的公司。

劉經理一方面為了發洩內心的憤怒，另一方面為了向未來的主管表示忠心，想盡一切辦法把公司的機密檔案和客戶電話全部透露給各市場經銷商，導致市場亂成一團，還引發了很多糾紛，來自客戶的抱怨電話讓公司疲於奔命。

不只如此，他還打電話給當地稅務部門，爆料公司的帳目有問題，雖然最後查證獲得清白，但畢竟替公司招來了很大的傷害。

就這樣，劉經理把他的惡搞成果告訴未來的新東家，打算邀功請賞，沒想到竟碰了一鼻子灰。新老闆見劉經理如此對待老東家，誰知道他以後會不會如法炮製，對待自己的公司呢？身邊有這樣一個人，不就像是埋下了隨時可能爆炸的定時炸彈嗎？誰還敢用？新公司自然再也不敢錄用他了。

放任忠誠變質的後果，就是搬起石頭砸自己的腳。這個世界是講究回報的，你的付出不會是竹籃子打水，付出總有回報。忠誠於別人的同時，你就會獲得別人對你的忠誠。忠誠於你的企業，回報不僅僅是企業對你更大的信任，有時還會使企圖誘惑你的人，感覺到人格的力量。

克利丹・斯特是美國一家電子公司的工程師，在業界非常有名。這家電子公司只是一個小公司，時刻面臨著某大規模電子公司的壓力，處境很艱難。

有一天，大型電子公司的技術部經理邀斯特共進晚餐。在飯桌上，這位經理問斯特：「只要你把公司裡最新產品的資料給我，我會給你很好的回報，怎麼樣？」

一向溫和的斯特立刻發怒：「不要再說了！我的公司雖然獲利不好，處境艱難。但我絕不會出賣良心做這種見不得人的事，我不會答應你的任何要求。」

「好，好，好。」這位經理不但沒生氣，反而頗為欣賞地拍拍斯特的肩膀，「這件事就當我沒說過。來，乾杯！」

不久，發生了一件令斯特很難過的事。他任職的公司因經營不善而破產，斯特失業了，一時又很難找到工作，只好在家裡等待機會。沒過幾天，他突然接到那家大型公司總裁的電話，邀請他到總裁辦公室坐一坐。

斯特百思不得其解，不知這家公司找他有什麼事。他疑惑地來到這家大型電子公司，出乎意料的是，公司總裁熱情地接待了他，並且拿出一張非常有誠意的聘雇合約——邀請斯特擔任「技術部經理」。

斯特驚呆了，喃喃地問：「你為什麼這樣相信我？」

總裁哈哈一笑說：「原來的技術部經理退休時，向我提起那件事，還特別推薦你。小夥子，你的技術水準本來就是業界出名，你的正直更讓我佩服！你是值得我信任的人！」

斯特醒悟過來。後來，他憑著自己的技術和管理水準，成了一流的職業經理人。

一個不爲誘惑所動、能夠經得住考驗的人，不僅不會失去機會，反而會贏得機會。此外，還能贏得別人對他的尊重。

所以，任何人的忠誠都是可貴的。堅持自己的忠誠不容易，但是堅持住了忠誠，就是堅持住你認爲人生最寶貴、最值得珍惜的東西。像斯特這樣能夠保守職業秘密，不正是擁有了人生最寶貴的東西。

職場上，多思慎言是自我保護的良方。守口如瓶、保守職業秘密，也是讓我們安全的處世妙方。「一言不慎身敗名裂，一語不慎全軍覆沒。」如果不能做到對公司的機密守口如瓶，不僅會替公司造成危害，也會使自己的職業生涯籠罩上一層難以抹去的陰影。

「言多必失」，爲了避免多言招致禍患，就要好好管住自己的嘴，該說的說，不該說的不說。

吐苦水，千萬別找公司裡的人

無論何時，每個人都可能碰到坎坷和挫折，每每遭遇逆境，總會令我們產生傾訴孤獨與憤懣的欲望。但是，傾訴必須找對場合與對象。公司不是吐苦水的地方，小心你說過的話遲早每個人都知道。到時候，你只剩一條路可走，那就是走人。

一位剛進公司不久的新人，因為受了點上司的窩囊氣，就像上司的秘書訴苦。沒想到頻頻附和他的秘書，一轉身就向頂頭上司打小報告，造成他與上司之間關係更加惡化。原定試用期滿的加薪取消了，眼看著和自己同期進公司的新人們在工作上都有了進展，升職加薪忙得不亦樂乎，只有自己一肚子苦水無處發洩。後來，他決定越級向大老闆報告，消息卻又被大老闆秘書轉述給他的頂頭上司。這下他不但沒有機會見到大老闆，甚至根本無法在公司工作下去，只好辭職。

可見，當你還不瞭解公司內部各種潛在關係之前，最好不要貿然找人說心事。事實上，你根本就不該跟工作場合相關的人吐苦水，就算是和你一樣遭受排擠的同事也不行。

每個人在職場中的角色隨時隨地都會變動，今天是難兄難弟，明天可能就是競爭對手。當初推心置腹的一番話，很可能轉眼間成爲被人利用的把柄。想吐苦水，最好找不在同一家公司的親朋好友，以免因爲利害衝突，導致說過的話被加油添醋地傳出去。

當然了，在職場上並不是什麼都不能夠說。該發表意見時，一定要陳述自己的想法。重要的是，要適時發表想法，否則會被誤解爲居心叵測。口舌是決定職場上人際關係是否成功的關鍵，一定要謹言慎行。說什麼、對誰說、怎麼說，都需要認真學習。成功人士就是你的榜樣，懂得效法他們很重要。

一般來說，同事之間有幾類不能說的事情，以下幾點一定要記在心裡。

有關個人隱私

比如：夫妻問題、私生活等。這些事情很敏感，很容易在產生衝突時，被對方拿來歸罪是你個人的問題。

有關公司忌諱的話題

例如：公司機密、薪資問題，這些問題多數公司都有明文規定不能外洩。如果你洩露了這些消息，不但在公司裡待不下去，很有可能在整個行業也待不下去。

有關個人與高層主管的恩怨

有恩容易遭嫉，有怨則會被有關人士拿去炒作，最後都會傷害到自己，應該儘量避免提及。如果實在難以避免也要婉轉些。

如果不小心說了不該說的話，至少要積極補救。以前面故事中那位新人爲例，當初他就應該直接跟頂頭上司溝通，當面提出自己的疑問、想法和感覺，不要讓老闆聽到那些經過包裝的言論。同時，他應該暗示那位秘書，那件事情已經跟他的上司談過，就可以避免打小報告的情形再出現。

所以，請牢記一句箴言：吐工作中的苦水，千萬別找公司裡的人。

逃離八卦圈，越遠越好

人與人之間的關係複雜而敏感。特別是在辦公室裡，幾個人在一起就閒聊起來。有時聊到某個人，還會說出一大串壞話。這時，把持不住的人，也會跟著附和，說起某人的壞話，其結果可想而知，這種壞話用不了多久，便會添油加醋地傳到本人的耳朵裡。從此那個人不僅對你有了偏見，還可能以其人之道還治其身，藉著散播跟你有關的謠言來打擊報復。

某公司企劃科小李升為科長。在同間辦公室坐了幾年的同事忽然升遷，對每個人來說都是一項刺激。平日不分高下，暗中競爭的同事成了自己的上司，總讓人有那麼一點不舒服的感覺。跟小李同部門的幾個同事開始在背後嘀咕：「哼！他有什麼本事，憑什麼升官？」一百個不服氣與嫉妒都找到了出口，於是你一言我一語，把小李數落得一無是處。

小王是剛來到企劃部不久的大學生，見大家說得激動，也毫無顧忌地說了些小李的壞話，像是辦事拖拉、疑心病太重等。不巧的是，當場壞話說得口沫橫飛的那一群人中，有個陽奉陰違的同事A，背後說小李壞話說得比誰都厲害，一轉身卻把這件事告訴了小李。

小李想：別人對我不滿，說我的壞話我可以理解，小王這個乳臭未乾的傢伙，有什麼資格說我。從此便對小王很冷淡。小王大學才剛畢業，第一份工作就得不到重用，又經常受到小李的指責和刁難，莫名其妙地成了犧牲品。

日常生活中，我們不可避免總會遇到別人在你面前說某個人的壞話。此時的你千萬要端正自己的態度，不要被人左右你的思想，更不要跟著說壞話。最好的辦法是，別人在你面前說某人壞話時，千萬不要插嘴，只是微笑示之。

微微一笑，既可以表示領略，也可以表示歡迎，還可以表示聽不清別人的話。當你不插話，只是微笑不語時，既不抵觸也不得罪說壞話的人，更沒有參與說壞話，兩邊都沒有得罪，這是比較理想的做法。

有人在你面前說別人的壞話，別人愛怎麼說就怎麼說，你能不聽就不聽，能閃則閃。實在不便溜走，就使出答非所問這招，轉開話題。比如：有人向你數落某人的不是，

「小白這個人什麼都好，就是有點好大喜功，拍馬屁。」碰到這樣的情況，你如果能笑笑地岔開話題當然是最好不過了。如果岔不開，總不能直接走開吧，這樣會得罪人。這時，你可以轉開話題，如：「聽說最近《射雕英雄傳》要重拍了，你知道嗎？」

對方可能簡單回一句：「不知道」，然後繼續說小白的壞話：「你難道不知道嗎？小白偷偷送禮給老總……」

這時你就繼續你的話題：「我最喜歡的金庸作品就是《射雕英雄傳》呢！不知道這回誰演黃蓉……」

相信這樣對上幾句牛頭不對馬尾的話題，對方就不會再繼續講小白的事了。

◆蝴蝶效應：掌控工作，享受生活的樂趣

關於蝴蝶效應的描述是這樣的：亞洲的蝴蝶拍拍翅膀，將會使美洲在幾個月後出現比狂風還厲害的「風暴」。所謂蝴蝶效應，是指在動力系統中，一開始十分微小的變化，在經過不斷放大之後，對未來狀態將會造成巨大的影響。

蝴蝶效應同樣適用人的心理。比方說：一次的壞情緒，如果不能及時調節，也會為社會帶來風暴式的危害；相反地，如果能正確引導情緒，就可以產生積極的效應。

在職場上蝴蝶效應也一樣適用。你對待工作的方式，不單單會關係到工作本身，也會影響到生活中其他很多事情的走向。可惜的是，很多人都沒有注意到這一點，他們沒有想到情緒對工作具有強大的作用，這種作用就如同蝴蝶效應一樣，會向周圍輻射，甚至會破壞原本平衡的生活。

那麼，為了不讓工作破壞生活，我們到底該如何對待工作呢？這句話很重要：「你可以把工作效率帶回家，卻不應該把工作情緒帶回家。」

生活失去平衡，沒人會可憐你

生活如同一輛承載著你不斷前行的列車。列車順利前進時，你可以盡情欣賞窗外的美景，享受無窮的樂趣。一旦這輛列車失去控制，不幸出軌，將會爲你的人生帶來種種麻煩與苦痛。

現代社會生活節奏日益加快，內容不斷變換，迫使人們不得不緊隨著節奏而轉變自己，導致無暇顧及生活。堆積如山的工作，以及隨著競爭而來的工作不穩定，致使人們猶如泰山壓頂，不堪重負。因方便而致隨便的有害飲食，以及失調的作息規律等不健康的生活方式，往往讓人們體力透支，精神委靡。最後，終於迎來不和諧的家庭關係，於是不僅在忙碌一天之後得不到愛的溫暖，還要耗費最後的一絲力氣應對種種的家庭危機……凡此種種，都是導致我們生活失控的原因。

生活的失控不只是令你不快，更是一種不幸，當生活失去了控制，人生也會因此而陷入被動的局面。爲了避免不幸，爲了取得人生的主動權，我們必須讓生活平衡，也就是把事業、家庭、健康三者結合起來，三位一體，絕不偏重、也不要忽略某一方面，這樣才能達到完美的人生。

有些人誤認爲，事業若要獲得成功，就必須付出忽略家庭的代價。家庭若要和諧美滿，就必須付出忽略事業的代價。其實，事業和家庭就像是人的兩條腿，有了完整的兩條腿，走路才能走得穩、走得長遠。出色的工作績效可以爲家庭提供更好的經濟保障；幸福的家庭生活，也可以在忙碌工作之後提供一個心靈休憩的港灣。千萬不要因爲專心於事業而忽視家庭，也不要因爲操持家庭而放棄事業。事業與家庭雖然有時候會出現衝突，但並不矛盾，處理得當就會相得益彰。平衡家庭與事業，在其中取得雙贏，才能收穫真正的幸福。

當然，平衡事業和家庭不是一件容易的事，不僅需要聰明智慧，還需要堅持不懈。你應當合理安排自己的時間和精力，在保證完成工作的同時，還能保有經常和家人溝通的時間，以尋求相互理解。你也應當把自己的煩惱和喜悅與家人分享，讓他們覺得家庭是一個團隊，有福同享、有難同當。如果爲了不讓家人增添負擔，而總是獨自承擔一切，這樣你就錯了。這樣的想法和作法，只會在你和家人之間豎起一道厚厚的牆。

到底該怎麼做，才能兼顧家庭與事業，又能把其中的分野辨別地一清二楚？請記住，不能因爲家庭出現了問題就影響到工作的情緒，也不能把在公司受的氣發洩到家人身上。不要把大量的工作帶回家，也不要在週末固執地待在公司加班，忘了與妻小出外踏青的機會。

另外，在工作與健康之間也要找到平衡，不能一味沉迷於工作忽略了健康。在競爭激烈的現代社會，人們的疲勞感正在蔓延，最流行的問候語由十年前的「吃飽沒」變成了如今的「忙不忙」。不少三十五到五十歲的社會精英，每天都在爲幸福美好的生活打拼，殊不知一種名叫「過勞死」的疾病，正向自己襲來。

人體就像「彈簧」，疲勞就是「外力」。造成彈簧發生永久形變有兩個條件：外力超過彈性限度，或是作用時間過長。所以當疲勞超過極限，或持續時間過長時，身體這座大彈簧就會產生永久形變，導致老化、衰竭、死亡。只有勞逸交替才能保持彈性，增加承受力，保持旺盛的生命力。所以，我們都要學會調節生活，短期旅遊、走訪名勝，爬山遠眺、開闊視野，呼吸新鮮空氣，增加精神活力。忙裡偷閒聽聽音樂、跳跳舞、唱唱歌，都是解除疲勞，讓緊張情緒得到鬆弛的有效方法，也是防止疲勞症候群的精神良藥。總之，你的生活將過得如何，完全取決於你對生活的有效掌控。當生活經常處於平衡、和諧與高效率狀態之時，你就會享受到更多的生活樂趣，生命也會更加充滿色彩和意義！

當然，維持生活的平衡需要不斷地努力，任何時候都不能掉以輕心。你必須常常問自己：是否忘記了家人的生日？有多久沒有和家人一起看電視了？還要常常反省：是不是過度沉溺於家庭的甜蜜而遺忘了事業？家庭是否成爲事業的絆腳石？另外更重要的是，健康是否出現了某些警訊，是否應該爲健康多投入一些時間……尋找平衡的過程永不停歇，你的努力也應永不停止。只要你的生活處於均衡之中，也就永遠不會失控。若是將重心完全放在工作或家庭任何一方，導致生活失控，最後受罪的只有自己。

成為時間的主人，就是成為自己的主人

美國思想家班傑明．佛蘭克林曾經說過：「你珍惜生命嗎？那麼就請珍惜時間吧，因爲生命是由時間累積起來的。」這句話正強調著時間對於生命的價值。其實，真正的珍惜時間，並不是讓自己一味處於忙碌之中，而是要有效的運用時間。那麼，如何才能有效的運用時間呢？首先就要有效地掌控時間。

掌控時間，就像掌控自己的肢體一樣，你必須瞭若指掌、控制自如，而且對時間的分配有絕對的主動權。這並不是要求你成爲一個時間的管理者，不是片面地強調「效率」，而是將重點放在「有效」。

有三種人總是不受人歡迎：一是過度重視計畫表的人；二是工作過度的人；還有，就是被時間捉弄的人。

過於重視計畫表的人，往往不根據實際情況，永遠忙於制定工作計畫表。有時候，做計畫的時間甚至比工作的時間還要長。每每委託他們完成一項工作，都要反覆斟酌事情

的可行性，仔細研究每個細節，並制定出非常詳細的計畫表。在工作開始進行前，他們的注意力總是集中在制訂計畫上，實際工作安排如何，反而都不管了。所以，總是等到事情已經出現變化了，他們還沉浸於美妙的計畫夢境中。

而對於工作過度的人，每天總看到他們忙碌的身影，卻從來不知道他們到底在忙什麼、完成了什麼。有時他們會以工作忙碌爲由而任意指派別人，當你爲他們提供一些節省時間的方法時，他們也會推說太忙，沒時間聽。這類人做起事來往往沒有方向，只是蠻幹，沒有片刻的休息。他們的作爲不但不利於自己，還很容易惹人嫌惡。

至於被時間捉弄的人最可悲，他們十分守時，爲了爭取時間，凡事都急急忙忙，也不允許別人有片刻的休息。他們爲了節省時間可能改吃速食，只因爲浪費了一分鐘，可能大發雷霆。

我們都知道，不管是腦力或體力的勞動，都一樣會消耗熱量。既然是勞動，就必須強調有張有弛，有勞有逸。俗話說：過猶不及，物極必反。弓拉得過滿，弦必斷。人的身體，長期處於過分緊張的狀態，必然有害於健康，嚴重者甚至還會英年早逝。

杜勃羅留波夫是俄國著名的文藝理論家，是一位才華橫溢且勤奮努力的青年學者。

在他很小的時候，就暗下決心，立志成才。少年時代的他，最渴望的事情就是能夠讀遍天下所有的書籍。他曾在一篇文章中這麼寫道：

啊！我是多麼希望擁有這樣的才能，在一天之中把這個圖書館的書都讀完。

啊！我是多麼希望具有非凡的記憶力，使一切我所讀過的東西，終生都不遺忘。

啊！我是多麼希望擁有這樣的財富，能夠替自己買下世界所有的書籍。

啊！我是多麼希望賦有這樣巨大的智慧，能把書本中所寫的一切東西都傳給別人。

啊！我是多麼希望自己也能變成這樣聰明，使我也能寫出同樣的作品……

確實，杜勃羅留波夫是一個非常有毅力的人，他不只這樣想，而且也努力實踐。他讀起書來，真是到了分秒必爭的忘我境地。同樣是十三歲，別人都在玩五子棋，杜勃羅留波夫卻在一年裡讀了四百一十種書。他從二十歲到二十五歲一共寫了一百多篇內容豐富深刻，充滿戰鬥性和藝術性的文章。

遺憾的是，由於長期過度的體力和腦力消耗，年輕的杜勃羅留波夫，還沒來得及實現更大的願望，才僅僅二十五歲就英年早逝了。

試想，如果杜勃羅留波夫能夠合理分配自己的時間，在學習、寫作和生活中只要稍稍注意勞逸有度；在勤奮學習、寫作的同時，注意必要的休息，堅持適當運動。那麼，他的生命或許就不會那麼快畫上句號，對人類的貢獻也一定會超越現在。

有位名人曾經說過：不懂得休息的人就不懂得學習和工作。爲了避免淪爲時間的奴隸，爲了使學習、工作能夠在緊張而有節奏的氛圍下順利進行，爲了避免或減少時間與精力方面不必要的消耗，人們應該學會以科學方法支配自己的每一天時間，保證每天除學習或工作外，都有必要的睡眠、活動、休息的時間。其實這樣做的目的，正是爲了增加學習和工作效率。

因此，想要有效地掌控時間，就必須先放鬆自己，不讓自己被時間所約束。才能使自己在善用時間的過程中，爭得主動權，成爲時間的主人。

工作多久，就休息多久

努力工作的人大致可以分爲兩類：一是能夠平衡工作和生活，工作效率高，同時生活也很輕鬆幸福的人，這樣的人可以長期保持高效率的工作，且身體健康，生活也很完整。另一種人，工作起來總是不分上下班，即便下班回到家還是有堆積如山的工作等著他們。這種人只會工作，而不懂得調節和享受生活，他們的生活就像是一個上足了發條的鬧鐘，除了發出滴答滴答的單調聲音之外，再也沒有別的聲音。這種人沒辦法保持長期高效率的工作，甚至可能讓健康成爲努力工作的「成本」——他們的工作和生活是不平衡的。

在現代社會環境裡，如何平衡自己的生活，做到工作和生活兼顧，是每個人都不應該迴避的問題。如果可能，讀點恐怖小說，在花園中工作，躺在吊床上做做白日夢，都可以提高工作效率。如果你想提高自己的工作效率和幸福指數，或許也可以嘗試著減少工作時間，多點遊樂時間。生活中定量的休閒，也能夠增加你的財富，當然，這裡指的是精神上的財富。如果你在休閒上多花一份心思，最終或許也會增加經濟收入。

工作之餘的興趣愛好有助於工作場合中的創新思考。當你追求休閒生活時，原本全神貫注的精力，便會從與工作相關的問題中解脫出來，因此得到休息。許多充滿創造性的成就，往往是在發呆或胡思亂想中產生的。下面這張表是工作狂與和諧工作者的對比：

工作狂	和諧工作者
工作時間長	工作時間正常
沒有確定的目標，以為不停工作就是積極	有確定的目標，並且為目標而工作
不會委託別人	盡可能委託別人
工作之餘沒有興趣愛好	工作之餘有許多興趣愛好
為了工作放棄假期	按照公司規定正常休假
只有在工作場所中發展的膚淺友誼	在工作之餘發展深刻的友誼
經常談論工作問題	儘量減少對工作的談論
經常忙著做事情	能夠享受休息
覺得生活很累	覺得生活是節日

可以平衡自己工作和生活的和諧工作者，總是能夠享受工作和娛樂，所以他們是最有效率的。如果需要，他們可能會狠狠忙一兩個星期。然而，如果僅僅是例行公事，他們可能只會利用零碎的時間慢慢完成，並以此爲豪。對他們來說，人生的成功並不局限於辦公室。所謂平衡生活的和諧工作者，意味著是工作在爲人服務，而不是人爲工作服務。

要想有平衡的生活方式，必須滿足生活中的六個領域。這六個領域是：智商、身體健康、家庭、社會福利、精神追求和經濟狀況。

一般來說，每一個執著於工作的人，或多或少都帶有工作狂的傾向。工作狂是一種病態的工作方式，接著就讓我們詳細地分析一下工作狂的病狀、診斷依據以及應對的措施。幫助你優化工作狀態，成爲一個和諧工作者。

臨床症狀——工作狂的臨床症狀如下：

對工作的狂熱和興奮程度，超過家庭和其他事情。

工作有時有薪酬，有時沒有。

將工作帶回家。

最感興趣的活動和話題是工作。

家人和友人已不再期望你準時出現。

額外工作的理由，是擔心無人能夠替你完成。

不能容忍別人將工作以外的事情排在第一位。

擔心如果不努力工作，就會失業或成爲失敗者。

別人要求你放下手頭工作先做其他事時，你會被激怒。

因工作而損害與家人的關係。

處方——工作狂主要是由於工作壓力過重，或者野心過強，但個人能力卻沒有到達同樣標準所致。這邊有些方法能幫你擺脫，甚至避免陷入工作狂。

認識自己：工作不是生活的全部。

時間充裕：讓自己從容完成工作。

適當休閒：人非機器，要避免不停工作。

練習鬆弛：瞭解自己身體的壓力反應（如心跳、頭痛、出風疹等），儘量鬆弛。

向外求援：相信他人，避免孤軍作戰。

接納自己：可以追求完美，但不要爲完美所累。

努力工作，用力玩樂

美國通用電器總裁傑克．韋爾奇很擅長在工作和生活之間找到平衡。在一次接受採訪時，傑克．韋爾奇先生將自己的經驗做了一番闡述：「我的原則就是好好工作，好好享受，花一點時間來當父親。工作與生活的平衡問題原本在九〇年代就已經是十分活絡的話題，但一直到我二〇〇一年退休之後，才真正熱門起來。過去三年我旅行世界各地，遇到了許多這方面的問題。最常見的是，『你怎麼會有那麼多的時間打高爾夫球，還能繼續做好CEO的工作？』」

到底該如何排列生活中各部分的優先次序，這裡有一些經驗和心得值得我們借鑒：

分清管理的優先次序

首先要確定所謂「工作與生活的平衡」究竟指的是什麼。所謂平衡，涵蓋了應該如何管理生活、支配時間的問題——關於優先次序和價值觀的問題。但簡單而言，這裡討論的焦點將集中在關於「應該把多少精力消耗在工作上」的討論。工作與生活的平衡是一個交易——是你和自己之間，就所得和所失進行的交易。平衡意味著選擇和取捨，並承擔相應的後果。有時候，站在老闆的角度上換位思考可以更有利於把握工作與生活平衡。

老闆最關心的永遠是競爭力。當然他也希望你能快樂，但那只是因爲你的快樂能夠幫助公司營利。實際上，如果他的工作做得好，他就可以讓你的工作變得很有吸引力，使你的個人生活顯得不那麼寒酸。

老闆付你工資的原因，是因爲他們希望你貢獻所有的一切——包括你的腦力、體力、活力和精神。只要你能給他出色的業績，絕大多數老闆都非常願意協調員工在工作和生活上的矛盾。請注意這裡強調的是要以員工優異的業績爲前提。

很多企業會利用積分系統來決定員工的工作與生活應該如何平衡。那些有突出業績的人可以獲得「積分」，用以交換自己工作的彈性。老闆們都很清楚，職工手冊上面關於工作、生活平衡的政策，主要是應付招聘人才的需要。職工手冊是件華麗的宣傳品，有醒目的照片、多項終生福利的介紹，也包括假日或工作彈性等。然而許多聰明人很快就明白，手冊上所列舉的各項條文，主要只是用來招聘新人的工具。事實上，真實的平衡安排，是在老闆與員工之間就具體問題進行單獨談判得到的，使用的方法正好是我們剛介紹過的——業績與彈性交換的制度。

要避免抱怨的情緒。那些爲工作與生活出現衝突，而公開鬥爭、動輒要求公司提供幫助的人，會被認爲是動搖不定、倚老賣老、不願意承擔義務或者無能的人。因此，經常消極抱怨的人最後總免不了被邊緣化的命運。所以，在你第五次開口，要求公司減少你的出差頻率，要求在星期四上午請假，或者希望回家去照顧小孩之前，你應該知道自己是在發表一項聲明，而且不管你用的是什麼辭令，你的請求在別人聽來都似乎是「我對這裡的工作並不真的感興趣」。

即使最寬宏大量的老闆也會認爲，工作和生活的平衡是你自己該解決的問題。實際上，絕大多數人也知道這一點。許多策略都能幫助你處理好這個問題，老闆們一定也都希望你能採用。

一些經驗之談

把握工作與生活的平衡是一門高級的個人管理藝術，每個人都有自己獨特的辦法。關於這點，傑克．韋爾奇也爲我們提供了一些經驗。

首先，無論參與什麼遊戲，都要盡可能地投入。我們已經陳述過，工作希望得到你完全地投入，生活也一樣。因此做事時要努力減輕焦慮、避免分心，或者說，要學會分門別類、有條不紊。

再之，在你決定好工作與生活的平衡點之後，額外的要求和需要，都要有勇氣說「不」。這樣一來，大多數人都會找到適合自己的平衡點，接下來的竅門就是堅持。學會拒絕，將爲你帶來巨大的解脫，因此你應該盡一切力量，將選擇之外的項目說「不」。

最後，確認你的平衡計畫沒有把你自己排除在外。在處理事業與生活的平衡關係之時，真正可怕的狀態是陷入「爲了所有人而犧牲自己」的窘境。有許多非常能幹的人，他們制訂了完美的平衡計畫，把自己的一切都貢獻出來，給了工作、家庭、志願者組織。問題在於，這樣完美的計畫核心裡卻只剩下真空，對當事人而言根本沒有樂趣。

認真考慮這些要點之後，不難發現，追求平衡和完美，關鍵不過是以下幾個道理：

1. 除了工作以外，你必須弄清楚自己還想從生活中得到什麼。

2. 在工作場合中，你必須明白自己的老闆需要什麼。

3. 爭取好的考核成績，根據自己的需要來兌換彈性，再不斷補充它。

找尋平衡將是一個過程，必須反覆實踐。在思考之後就能獲得經驗，你可以做得更好。一段時間過後，你會發現事情並沒有那麼艱難，不過是平凡的生活而已。

◆霍桑效應：適當宣洩情緒，才能奮起作戰

社會心理學家所說的「霍桑效應」也就是所謂「宣洩效應」。霍桑工廠是美國西部電器公司的一家分廠。為了提高工作效率，廠方請來包括心理學家在內的各種專家，花費約兩年的時間找工人對談了兩萬餘人次，耐心聽取工人對管理的意見和抱怨，讓他們盡情地宣洩。結果，霍桑廠的工作效率大大提高。這種奇妙的現象就被稱作「霍桑效應」。

霍桑效應的啟示之一是：身為長官，要讓員工適當宣洩壓力，這樣更有利於提高生產力。其實，不光是長官要學會讓員工發洩情緒，我們自己也要學會發洩。

因為懂得發洩情緒，及時把情緒垃圾排出來，我們才能心情愉快的繼續回去工作。當然發洩情緒的方式有多種。在這裡，我們主要介紹三種：適當哭泣、巧妙用水緩解情緒、深呼吸吐出自己的不愉快。

找個地方好好哭一場

由於現代人生活方式的改變，生活節奏加快，使得有些人無法適應快速的節奏，導致陷入心理困境之中。尤其是男人，爲了彰顯男兒本色，甘願獨自承受任何壓力和痛苦，他們被迫必須裝出一副堅強的表情，好像天塌下來也可以頂住。

一個魁梧的中年男子來找我，他端坐在我的面前，對我訴說了這些年來的往事，身為一個男孩，父母從小教育他要堅強獨立，「男兒有淚不輕彈」。慢慢地，他自己也覺得哭泣是軟弱、害羞的表現。所以，在他的成長過程中，不論出現任何問題，他都不會哭泣。而現在，他一步步走到功成名就，生活卻發生了許多變故：父母病逝，妻子離異，獨生女患了癌症。

儘管這樣，他依然每天堅強面對。近日來，他在工作上不斷出現差錯，身體狀況也每況愈下。數月來他一直感到胸部疼痛不已，精神抑鬱，服藥也無效。不得已，他終於來找我，當他把這一切都告訴我時，眼淚雖然充盈眼眶，但仍然強自壓抑著不哭出來。

我坦言告訴他：「你可以在這裡哭泣，沒有人會知道，也沒有人會笑話你的。」於是他突然痛哭起來，足足達十分鐘之久。

適當的哭泣對健康有益。第一位提出這種理論的，是美國生物化學家佛瑞，他的實驗報告指出，人在悲傷時，身體會分泌出對人體有害的毒性物質，比如：止痛劑、內啡素、各種荷爾蒙（其中之一就是腎上腺素）等，而這些物質可以借助淚液排出體外。這時如果你忍著不哭，那麼毒性物質就會留在體內，對健康產生影響。

紐約心理學家弗雷契教授也說：「哭泣能消除緊張，不管任何問題累積出來的感覺，都會引起哭泣。」他認爲，壓力導致心理失衡，哭泣能使人恢復平衡，使神經系統的緊張感消失。

這名男子聽從了我的勸告，每當壓力不堪重負的時候，便痛哭一場。幾天後，該男子的胸痛明顯減輕了。

哭雖然不能解決問題的根本，但卻可以使人暫時放鬆緊張的情緒，爲病人消除蓄積已久的壓力或悲傷，有助於產生新的勇氣。可惜的是，許多人遭受沮喪困擾，卻常常哭不出來，對身體造成傷害。因爲人一旦對情緒反應不當時就會沮喪，而沮喪是過分壓抑負面情緒所導致的心理反應，是具有其傷害性的。

尤其是那些地位較高的公眾男性，因爲顧及形象，總是打落牙齒和血吞。這樣的情緒，總是讓他們過著人前風光，人後受罪的生活。所以，男人哭吧哭吧，不是罪，這是解決心理疾病的良藥。

雖然專家認爲，強忍著眼淚就等於「自殺」。不過，哭還是不宜超過十五分鐘，壓抑的心情只要得到發洩，緩解後就不能再哭，否則對身體反而有害。因爲人的胃腸機能對情緒極爲敏感，憂愁悲傷或哭泣時間過長，胃的運動會減慢、胃液分泌減少、酸度下降，會影響食欲，甚至引起各種胃部疾病。

水是緩解孤獨最好的幫手

「雙腳冰涼，雙腿無法移動，周圍寂靜無聲，我甚至能聽到自己的心跳聲，還有鞋子摩擦石塊的聲音……」這個緊閉雙目、三十出頭的女人，正緊張地回憶著她的夢境。她喉嚨動了動，接著說：「我正身在一條公路上，什麼都沒有。對，旁邊是山崖，我覺得自己隨時都可能掉下去。」

女人一點一點地回憶，在心理醫生的引導下，她點滴描述自己的夢境，越來越清晰，而她臉上所呈現出的恐懼表情，也逐漸明朗。

這位粉領族，身為外商企業高階管理人員，生活無憂。但她卻總是做夢，夢境就如同她自己所敘述的那樣，荒涼孤獨。每回夜裡驚醒，她唯一能做的只有讓自己保持清醒，只有在燈紅酒綠之中，她才能暫時忘卻恐慌。

所以，這位白日裡穿著套裝高跟鞋，走過高級辦公大樓的大理石地磚，舉止從容自信的女性，每到夜晚降臨，就變成一個打扮暴露前衛的辣妹，流連於各大酒吧和夜店。而她最愛不釋手的解壓方式，竟然是一種十分暴力的網路遊戲。每當看到遊戲裡那些被她肢解、打死的人，內心就感到由衷的滿足，但這種滿足感同樣令她恐慌。

這是人格分裂的前兆，患病者多半是在大城市裡打拚的年輕白領。白天過著的是光鮮亮麗的生活，但是夜晚回到自己的蝸居，看著陌生的牆壁和窗外不屬於自己的霓虹，內心的孤寂便會噴湧而出。

人格分裂就是我們常聽見的多重性格，患者會將引發內心痛苦的根源整個隔離開來，以保護自己。他們與人若即若離，在看似矜持的外表下，藏著的其實是一顆冷漠，多疑，甚至略微殘忍的心。他們害怕與人交往，是因爲無法克服內心恐懼。人格分裂者總是費盡心機想要獨立生活，期望能夠不依賴任何人而自給自足。

真正滿足他們的，就是那些能令他們遠離孤單的任何物事，例如：暴力遊戲。許多白領階級熱愛暴力遊戲，其中很大的原因就是他們能從中獲得滿足，無須向外尋求幫助。

他們獨立的性格，正是導致他們心理上無所依從的原因。所以，若想走出這樣的心理窘境，最好的辦法就是擴大社交圈。那兒有很好的夥伴，能幫助他們成長，使他們感受到別人的好感和善意，帶領他們慢慢接受這種輕柔的、相互依靠的生活。

水對於心理有障礙的人能產生極大的幫助，在泳池清澈的水裡，只要盡情舒展身體，讓自己獲得最放鬆、最舒服的感受，壓力往往很快就會被排解。在水中做做柔和的伸展運動，不但能夠使身心呼吸到新鮮的氧氣，還能提高人們的心理素質，得到最大的放鬆與緩和。

別讓焦慮找上你

最近剛踏入職場的小張不知道為什麼，老是為了一些微不足道的小事憂慮，以至於影響正常的工作和生活。

比如有回，小張莫名其妙就對自己習慣使用的鋼筆產生了厭惡感。一見那磨得平滑的鋼筆尖心裡就不舒服，更討厭的是那支鋼筆的顏色，烏黑得詭異。於是小張決定不用它了。新買了一支灰色的鋼筆後，小張依然覺得不舒服。原因只是在買這隻鋼筆時，小張見對方是個年輕漂亮的女售貨員，竟然緊張得一頭大汗。小張認為自己出了醜，自尊心受到了傷害。因此小張恨不得把新鋼筆弄爛，於是便把筆扔在地上，任人踐踏。可是轉念一想，這不是白白浪費錢嗎，於是又把筆給撿了回來。

還有一次，小張買了一個用來帶便當的塑膠飯盒。用著用著，突然腦子裡冒出一個想法：「這有沒有含塑化劑啊？」記得幾年前曾看過一篇文章，好像是說含塑化劑的產品有毒，不能盛食物。這下小張的神經又繃緊了，這個塑膠盒會不會有毒？毒素會不會正逐漸進入我的體內？小張萬分憂慮，但不用又不行，況且圓珠筆、鋼筆、牙刷等也是塑膠製品，天天都要碰，如果都有毒，這不是死定了嗎？

小張就這樣一直在憂慮的旋渦中徘徊掙扎著……

可憐的小張，在憂慮中不斷地折磨自己，這就是典型的焦慮。

焦慮是一種沒有明確原因，總是令人不愉快的緊張狀態。適度的焦慮可以提高警覺，調整身心潛能。但如果焦慮過度，則會妨礙處理危機的本能，甚至妨礙日常生活。處於焦慮狀態時，人們常常有一種說不出的緊張與恐懼，或難以忍受的不適感，主觀感覺多爲心悸、心慌、憂慮、沮喪、灰心、自卑，但又無法克服，整日憂心忡忡，似乎感到災難臨頭，甚至還擔心自己可能會因失去控制而精神錯亂。在情緒上整天愁眉不展、神色抑鬱，似乎有無限的憂傷與哀愁，記憶力衰退，興味索然，注意力渙散。在行爲方面，則是常常坐立不安，走來走去，抓耳撓腮，似乎一刻都不能安靜下來。

心理學研究指出，導致焦慮的原因既有心理因素，又有生理因素，同時，焦慮與人的認知功能有關，所以社會環境也是其中的重要原因。

焦慮是每個人都有過的情緒體驗，要防止病態性的焦慮，就要找出各種能夠舒緩壓力的方式。面對焦慮，面對真實的自己，是化解焦慮的最佳良藥。讓我們一起化焦慮爲成長的契機，做個自在、心無罣礙的現代人。

以下幾招一定可以化解你的焦慮：

進行有氧運動，以振奮精神

焦慮者可透過強烈的耗氧運動，來振奮自己的精神，如：快步小跑、快速騎自行車、疾走、游泳，等等。這些耗氧量大的運動，可以加速心跳，促進血液循環，增進身體對氧的利用，並在這樣的過程中，讓不良情緒與體內滯留的濁氣一起排出，使自己精力充沛，並進而振作起來，心理的困擾因此自然就得到了很大的解脫。

休閒時多聽音樂，以改變心境

一個人不管心情多麼不好，只要能聽到與自己心境完全吻合的音樂，就會感到無比的舒暢。利用音樂來擺脫心理困擾時，要注意選擇能配合心情的音樂，然後逐步轉換成充滿希望的音樂，以帶動心境的轉換。

選擇適宜顏色，以滋養身體

美學家經由研究人類的行爲發現，顏色猶如維生素般，也能滋養身體心氣，而且效果非常明顯。凡鮮明、活潑，能使心情愉快的顏色，或是具有緩和鎮靜作用的清新顏色都可採用。這樣，你的視覺徜徉在適宜的愉悅顏色之下，便能產生滋養心氣的效果，心理困擾便會在不知不覺中釋然。

花三分鐘做放鬆操，以緩解焦慮

一分鐘「抬上身」——緩慢地使身體向下觸及地面，雙臂保持伏地挺身預備姿勢，然後雙手向下推，上半身部分離開地面，同時抬頭看天花板，吸氣，然後再呼氣，使全身放鬆。

一分鐘「觸腳趾」——雙手手掌觸地，頭部向下垂至兩膝之間，吸氣。保持這個姿勢，再抬頭挺胸，同時呼氣，然後全身放鬆。

一分鐘「伸展脊柱」——身體直立，雙腿併攏，在吸氣的同時將雙臂向上伸直舉過頭，雙掌合攏，向上看，伸展軀幹，背部不能彎曲，然後呼氣放鬆。

算你狠！
職場心理掌控術

第四章

警惕底線，繞開職場地雷。

Being Vicious in The Workplace

◆刺蝟效應：和上司之間保持距離才安全

刺蝟效應的意思是說，人與人之間只有保持一定的距離，才能相處得更好。確實如此，每個人都需要自己的空間，而這個空間就像是自己的「小地盤」，在自己的「小地盤」上我們可以自由自在。而任何人的「地盤」被他人觸犯了，都會覺得不自在，甚至對他人反感。

其實，在職場上人與人的相處也是如此，特別是和上司相處，更要保持適當距離。即便上司對你再好，也不要和他稱兄道弟，因為不管多有親和力的上司都有一種地位感，而這種地位感讓他們覺得必須獲得所有下屬的尊重，如果你不分場合地和上司稱兄道弟，上司的權威又該往哪裡擺？

所以說，人與人之間的交往，一定要把握好分寸。儘管我們有著美好的期望，希望自己與上司的親密度越高越好，但還是必須記住「親密並非無間，距離產生美感」。因此，如果你想和上司相處愉快，就一定要和上司保持適當的距離，切忌在工作場合中和上司稱兄道弟，更不要過度關注上司的私生活。

老闆就是老闆，不是你兄弟

在工作場合中，上司就是上司，即便你們私交很好，在辦公室裡，還是要尊重他，千萬不要和他稱兄道弟。因為每個上司都想擁有地位感，他們希望在自己的位子上樹立起應有的權威，而不希望員工離自己太近。

毅宏正在為工作上的事情煩心。他的同學景剛最近被晉升為部門經理，而這項晉升卻讓毅宏感覺到一些變化：「我想不明白的是，自從他當上了經理，就刻意疏遠了我。平時安排專案，也不直接跟我說，經常要別人轉告我，好像刻意在迴避我的感覺。有時候我只是找他談點事情，他都不願意跟我多說，老是用『要開會』來搪塞我。當上長官就端起官架子來了，有必要嗎？」

毅宏感到很不爽：「他這個人怎麼這麼奇怪？才當上主管幾天，就開始對我指手畫腳？怎麼這麼無聊啊？」

毅宏和景剛其實私交很好。景剛之所以進入這家公司，還是毅宏幫的忙：「我們同時送了履歷給這家公司，但是公司錄取我時景剛還沒有接到面試通知呢。那時候我們的關係真的還不錯，我就向公司的人事單位推薦了他，後來他也通過面試，成了我的同事。」

「倒也談不上真的幫了什麼忙，只是說了一句話而已。人心啊，還真是隔肚皮呢。就拿景剛來說吧，我們剛進公司的時候，都是小兵小卒，那時他跟我感情可好了。我們一起租房子，上下班都一起走。上班時間一起討論技術問題，下班就一起去吃飯分工做家事，就像念大學一樣。」

儘管對景剛當上部門經理後的表現越來越不滿，但毅宏還是努力地維持兩人的關係。他依然和以前一樣跟他討論專案，邀他一起吃飯，無論任何場合都繼續和他稱兄道弟。殊不知，「稱兄道弟」不注意場合正是問題的根源。

朋友提醒他：「在工作場合裡，他已經是你的長官了，你應該注意一下說話的方式。他最需要的是下屬尊重他、服從他，承認他的權威，而不是跟他稱兄道弟。既然你可以跟他稱兄道弟，那其他的同事是否也可以呢？那這樣所有的人都跟他平起平坐算了，他還要當誰的上司？這些你有沒有考慮過？」

朋友又說：「即便你們私交很好，在辦公室裡，你還是應該尊重他。在職場上只有長官，沒有兄弟，你們在私人場合裡才是兄弟。你仔細想想吧。」毅宏想了一下，點了點頭。

毅宏所碰到的情況並不是職場上的個案。在工作場合裡，不要輕易與上司稱兄道弟。景剛和毅宏曾是同學，又是在一起共事多年的同事，如果景剛直接告訴毅宏：「我現在是主管了，不要再跟我稱兄道弟，我們還是保持一點距離吧。」這種話一說出口，肯定會讓雙方尷尬，正常人是不可能這麼做的。

那怎麼辦呢？既然做了長官，當然要有個長官的樣子，跟下屬拉開距離也是理所應當的，不然何以建立威信？何以樹立形象？但是偏偏以前的朋友不識趣，沒辦法，只好自己主動跟他拉開距離了。

從景剛的立場上來看，他這麼做也是合情合理的。毅宏自己不明白他與景剛的友誼在位階不同後，便有了「場合性」。他不理解此刻景剛的身份不一樣了，想法自然會發生轉變。身爲長官，他有時必須顯示權威，樹立管理形象，以便讓工作順利開展，只顧著跟毅宏搞好私人關係是做不到這些的。這就是景剛爲什麼故意疏遠毅宏的真正原因。

在工作場合中，尤其是在較爲民主的工作環境中，上級沒有什麼官架子，往往表現得很親民，甚至時常帶下屬出席重要場合，或是下班後一起去休閒娛樂，很多下屬因此以爲和上司關係親密而沾沾自喜。殊不知跟上司過於親密，有好處的同時也有風險。因爲關係過於親密，上下級之間的界限就很容易出現模糊地帶，導致在無意中冒犯了上司，自己卻毫無覺察。

這種情況在年輕人身上尤其明顯。剛從學校畢業的孩子，年輕氣盛，多半較不相信權威，只相信能力，相信絕對的公平。但是職場畢竟是職場，是一個利益糾結的地方，與上司交往，最好保持距離，不要超越界限。否則，不管你的業務能力有多強，也可能因處理不好跟上司之間的關係，而影響自己的職場命運。

如果你的主管對待屬下的作風非常民主，他願意聆聽意見，願意平等溝通交流，並且尊重屬下意見和人格；如果你的主管性格溫和、平易近人，常讓人覺得他是你的同事，而不是高高在上的長官；如果你的主管非常器重你，經常帶你出席各種社交場合；如果你的主管在升職之前曾和你私交甚密……那麼，你千萬不要得寸進尺。與上級保持適度的距離，對你百利而無一害。若是超越這個界限，則可能會爲你帶來不必要的煩惱。

玉霞與她的女上司柯敏非常合得來，不光在工作上配合得恰到好處，連個人愛好也驚人地相似。再加上都是女人，為此兩個人閒暇時間經常一同逛街購物，交流護膚心得。柯敏年過四十，但是保養得當，於是玉霞經常戲稱她是「老妖精」，柯敏也會笑她是「小妖精」。

辦公室本是多事之地，她們的親密自然招致了別人的非議。柯敏察覺了這個情況，慢慢開始有意無意地疏遠玉霞，可是玉霞完全沒有意識到這點。

一天，柯敏在辦公室裡接待一位客戶。玉霞突然闖進來，沒發現辦公室還有別人，沖口而出說了一句：「老妖精，今天晚上去看電影怎麼樣？我有兩張首映票。」

柯敏的臉色立即很不自然地說：「你冒冒失失的像什麼樣子？這裡是辦公室。」

玉霞愣了一下，這才發現那張寬大的黑色沙發裡，正坐著一個穿著西裝的瘦小老者。

不久，玉霞就被調到其他部門，離開了這份自己十分喜歡的人事工作。

可見，與上司的親密關係不一定會成爲自己的保護傘。雖然與上司親密會讓我們覺得前途一片光明，但如果處理不好，有時反而會爲我們帶來負面影響。就像玉霞一樣，不分場合地與上司「親密無間」，最後卻因此離開自己心愛的工作。

所以說在職場上，如果你曾經是或正在成爲上級的密友或哥們兒，你就更應該把握好尺度。要是你常常當著其他人的面與上級稱兄道弟，顯示你與上級的特殊關係，如果有一天他對你突然冷落，甚至避而不見，那就是因爲你沒有把握好尺度，怨不得別人。

再民主的上級也需要一定的威嚴，需要一定的上級形象。當眾與上級稱兄道弟很可能會降低管理者的威信，損害上級的形象，導致命令無法貫徹執行。等到上級發現他的工作越來越難做，而你正是損害他威嚴的「元兇」時，你的結局很可能就是被上級疏遠，或者被迫離開。所以身爲下屬，還是與上級保持一定距離爲好，以免不知道哪一天你們之間會因利害關係出現裂痕。記住，上級起用你，絕不是爲了交朋友，而是要你爲他服務。

跟老闆保持「有點熟又不太熟」的關係

不僅在工作場合中應該與老闆保持適當的距離，在日常生活中更要遠離上司，切忌對上司的私生活太過關注。

只有如此，才能既讓老闆感到你很親近，但又不會對他構成威脅。

小葳剛剛調到分公司去。她說：「我是被陷害的，這根本就是一個陰謀。我無緣無故被流放到邊疆了。過去在總公司努力建立的人脈資源，還有一切為升職所做的努力都泡湯了。我現在只能到那個鳥不拉屎的地方從零開始。」

「以前在總公司的時候，雖然我只是個業務，但手下還有好幾個小弟能使喚。現在到了分公司，全辦公室總共也才十來個人。而且轉調過來之後，我必須兼任行政工作，什麼行政工作啊，說白了就是打雜，處理一堆雜七雜八的事情。我快悶死了！」

「陷害我的人當然就是那個惡魔主管。你要是問我這世界上誰最不近人情、最冷血，我第一個就推薦她。把我調到那個小公司就是她的主意！憑什麼啊？我做得好好的，又沒出什麼差錯，幹嘛這麼對待我啊？還美其名說是『到基層去鍛鍊』，鍛鍊什麼啊！她自己怎麼不去鍛鍊？憑什麼派我去？」

小葳認為這次調職和一項秘密有關：「年前公司發年終獎金，我們部門去年的業績很好，大家都拿到不少，於是我們便一起商量怎麼去happy一下，畢竟都辛苦一年了。後來我提議去做spa，大家都舉手贊成。那天我和另外兩個同事一起去，她們先去蒸氣室了，我因為一向都不喜歡悶熱，就坐在大廳等她們蒸好了再一起去按摩。」

「結果也真巧，你猜我碰到誰了？就是那個冷血女魔頭，她剛從裡面出來，一看到我就躲躲閃閃的，沒說兩句話就匆匆走了。我感覺她神色不太對勁，後來到櫃檯一問，原來她竟然是因為隆胸來做術後按摩的！哈哈，笑死人了。兩個同事出來後，我就把這個消息告訴她們，大家都笑翻了。這件事情自然很快就傳遍全公司，大家笑笑也就算了。誰知道這傢伙這麼記仇，竟然對我下手。」

俗話說：「打人莫打臉，揭人莫揭短。」在中國社會裡「面子」一向很重要，爲了「面子」，小則會翻臉，大則會鬧出人命。小葳的上司去隆胸，這本來就是女人很隱私的事情，沒想到卻被自己的下屬撞見。如果是個知趣的下屬，能爲她保守秘密，讓她在公司繼續保持良好的形象和威嚴也就罷了，偏偏這個下屬「心直口快」，立刻將她的秘密廣播出去了。雖然她口頭上不好發作，但心裡一定恨得牙癢癢。這個下屬竟然在所有人面前揭自己的短，搞得自己顏面盡失，怎麼可能再重用這樣的下屬？還不如找個機會打發掉，除去心頭之患。於是，小葳被調職，也是預料中的結果。

小葳的下場在職場中處處可見。如果過度談論，或者介入上司私生活，使你脫離了與上司的正常關係，對你就沒有絲毫好處。

上司的秘密一旦被你洩露，他將受到傷害。或許最初你是上司的密友，因此與他無話不談，並自鳴得意。可是時間一長，上司便會有一種潛在的危機感，導致你們的密友關係變得越來越尷尬。就算上司告訴你的秘密，僅局限於公司內部的事情，這仍會爲你帶來不必要的麻煩。因爲，你介入得越深，就越會發現自己的行動開始變得不自由。

此外，頻繁地和上司周旋，而獲得上司密友或上司寵兒的稱號，還會招致公司同事們的討厭和不信任，甚至會有人想盡辦法處處與你作對，拆你的台。畢竟，誰知道你成天黏在上司身邊，一副神秘兮兮的樣子，是不是有什麼見不得人的小陰謀或小算盤呢？所以這也是人的本能反應嘛。即使你在潛意識裡有強烈的成功欲望，但是爲了不讓願望在實現的過程中出現人爲障礙，你和上司之間一定要畫清界線，你也要管住自己，不要胡亂瞎闖。

除此之外，還要記得留一點私人空間給上司。每個人工作的目的都是爲了生活，上司也不例外。你怕被冷落，怕得不到信任，上司其實也一樣，只不過他的擔憂和你稍有一些不同罷了。他擔心你的能力不佳，做不好事情而讓他承擔後果。又擔憂你能力太強，事事完美無瑕，以致管不住你，動搖到他的長官權威，甚至更怕你奪走了他現在的位置！所以，留一點空間給你的上司。

但是，到底應該怎麼做，才能真正拿捏好其中的距離呢？

首先，時時向上司請教。哪怕你懂得比他多，還是要尊重他，和他討論某項工作，請他給你一些指點。當上司看到你這樣的舉動時，自然也就放心多了。不過，請教完之後，他給你的建議也不可以完全不採納，那樣會適得其反。在你的計畫裡多多少少還是要納入一點上司的意見，這一點他會很在乎。

其次，事情不要做得十全十美。別以爲凡事完美就一定會得到上司的讚美，最好能在不明顯處留有一絲瑕疵或一點缺陷，讓上司替你指點一番，顯示他高於你的能力，以滿足他的優越感。

同時，別忘了經常稱讚你的上司，這和拍馬屁大有區別。不只員工需要上司稱讚，上司其實也需要屬下稱讚。尤其當長官的頂頭上司也在場時，你的稱讚更顯得重要了。因為這樣一來，除了表現你的服從，另一方面也間接替長官做了公關，他能不欣賞你嗎？

所以，要做到不過度介入上司的私生活，又能留下一點空間給上司立足，這就是人與人的相處藝術，也是不斷被上司重用的捷徑。

◆成敗效應：獨角戲給不了你成就感

成敗效應是指努力後的成功效應和失敗效應。有學者透過實驗發現，學生的學習興趣不僅跟任務難度有關，更重要的是，只有因為自己努力克服困難之後所達到的成功，才會使他們感到內心愉快。

「成敗效應」的實驗過程是這樣的：教育專家設置了幾套難度不等的學習教材，由學生們自由選擇，並解決問題。他發現能力較強的學生，解決了同樣問題中的一個問題之後，便不願意再解決另一個相似的問題，而希望去挑戰更複雜的問題，並且探索新的解決方法，他們對學習的興趣因此更濃了。最終在自己努力過程中，克服所有困難，獲得成就感的滿足。這就是努力後的成功效應。

而能力較差的學生，如果經過極大的努力仍然不能成功，失敗個幾次之後，他們往往會感到失望灰心，甚至產生不想學習的情緒。這就是努力之後的失敗效應。

對於職場人士來說，很多人都誤解了「成敗」。他們以為只要自己做出成績，得不到同事的認同也無所謂。顯然這種想法是錯誤的，這樣的人即使獨立完成所有工作，並且成績優異，但卻仍然得不到同事的讚美和認可，最後他的結局只有被公司捨棄。

真正的成就感，必須靠「我們」來締造，總是靠著一個「我」來唱獨角戲，終究不會得到認同。

有同事可以合作，何必自己一人瞎忙

在辦公室裡，總是有這一類的員工，他們很有才華，卻喜歡獨來獨往，凡是自己一人獨攬。蘋果公司的創辦人賈伯斯就是其中的代表。

史蒂夫·賈伯斯是蘋果電腦公司的創辦人，有人曾這樣評價史蒂夫的事業：「我們就像小雜貨店的店主，一年到頭拼著老命，好不容以才賺到那麼一點點財富。而他幾乎在一夜之間就趕上了。」

史蒂夫二十二歲就開始創業，從赤手空拳打天下，到擁有兩億多美元的財富，他僅僅用了四年時間，令人不得不承認他是一個很有創業天賦的人。然而史蒂夫卻因為向來獨來獨往，拒絕與人團隊合作而吃盡了苦頭。

他驕傲、粗暴，瞧不起員工，像一個國王高高在上。他手下的員工，都像躲避瘟疫一樣對他避之唯恐不及。很多員工都不敢和他同乘一部電梯，因為他們害怕還沒有出電梯之前就已經被史蒂夫炒魷魚了。

就連他親自聘請的高階主管——優秀的經理人，原百事可樂公司飲料部總經理史卡利都公然宣稱：「蘋果公司如果有史蒂夫在，我就無法執行任務。」

對於兩人勢同水火的關係，董事會必須在他們之間做取捨。毫無疑問，他們選擇的是善於團結員工，與員工打成一片的史卡利。而史蒂夫則被解除全部的管理職，只保留董事長一職。

對於蘋果公司而言，史蒂夫確實是大功臣，是個才華橫溢的人才。如果他能和員工們團結一心的話，相信蘋果公司一定是戰無不勝。可是他卻選擇了孤立獨行，導致自己成了公司發展的阻力。可見，即使是史蒂夫這樣出類拔萃的人，如果沒有團隊精神，公司也只好忍痛捨棄，由此可知團隊的重要性。

待在以科技分工爲主導，以團隊精神爲靈魂的現代企業裡，團隊的力量越來越受重視。現代企業不再需要羅賓漢式的獨行俠，因爲他們慣於過度炫耀個人的力量，而忽略了整個團體。他們以爲，憑藉自己所擁有的資本，就絕對可以力挽狂瀾，扶大廈於將傾。可是他們忘了，單單憑藉一己之力想要打天下，大部分都是螳臂當車、癡人說夢。

著名企業家松下幸之助訪問美國時，芝加哥郵報的記者問他：「您覺得美國人和日本人哪一個比較優秀。」這是一個相當尷尬的問題，說美國人優秀，無疑傷害了日本民族的感情；說日本人優秀，肯定會惹惱美國人；說差不多，又顯得虛偽。

這位深諳員工管理之道的企業家說：「美國人很優秀，他們強壯、精力充沛、富於幻想，時刻都充滿著激情和創造力。如果派出一個日本人和一個美國人進行比賽的話，日本人是絕對不如美國人的。」

「謝謝您的誇獎。」正當周圍的美國人正沾沾自喜的時候，松下幸之助繼續說：「但是日本人很堅強，他們富有韌性，就好像山上的松柏。日本人十分注重團體的力量，他們可以為團體、為國家犧牲一切。如果派出十個日本人和十個美國人進行比賽，肯定可以勢均力敵。如果換成一百個日本人和一百個美國人比賽，我相信日本人會略勝一籌。」

美國記者們聽得目瞪口呆。

正如松下所說，美國人就好像獨行的獅子，而日本人則是群體活動的鬣狗。儘管一隻獅子比一隻鬣狗厲害得多，可是真正較量起來，獅子卻經常吃虧。

在松下電器公司裡，徵聘、選拔人才的時候，也十分注重團隊精神，那些眼高於頂、特立獨行的員工，不管有多大的才能，松下幸之助總是一概將他們拒於門外。

一名優秀的員工絕對不會把自己封閉起來。他們知道，只有把自己優秀的才華與大眾的力量結合起來，才能發揮最大的威力！而自絕於群體，想獨立完成事業的人，實際上就等同自我毀滅。

忘記「我」，善用「我們」的力量

忘記小我，融入大我，靠「我們」才能贏。所謂靠「我們」就是靠大家，靠團隊。正所謂：沒有完美的個人，只有完美的團隊。個人再優秀，也只是一滴水，而一個團結合作的團隊則是汪洋大海。一名成員只有充分融入整個團隊中，與其他成員的命運融爲一體，才能充分發揮自己的聰明才智，創造出更大的利潤。

有一家老軍工機械場，有著近五十年的歷史。然而近十年來，由於產品結構單一等各項原因，企業生產經營日漸困難。二〇〇五年期間發生一起品質事故，更讓企業打拼多年的市場幾乎全然丟失。二〇〇六年，新的管理階層走馬上任後，以創新的思維審時度勢，調整了經營策略，改善經營管理模式，加上全體職工的奮力打拼，這家老企業終於又來到柳暗花明之境，日漸顯現生機。就在此時，一場嚴峻的考驗降臨在全體員工面前。

二〇〇八年三月中旬，廠方接到某個專案，要求該廠縮短生產時程，必須以一半的時間完成專案，這在業界看來顯然根本不可能。

然而，這家工廠已經沒有退路了。如果放棄，那麼多年來苦心經營的形象和品牌將遭到嚴重打擊。生死關頭，他們決定迎面而上。於是廠方召開動員大會，廠長在台上斬釘截鐵地說：「全體員工務必發揮戰鬥精神，傾全力想盡一切辦法，克服困難，樹立必勝的信心，堅決完成此次專案！」

在針對全廠現有生產資源進行綜合分析後，他們制訂出一套科學的生產作業計畫：以產品交付時間為起點，往回推算各個生產環節所需要的時間，打破固有的生產概念，對現有資源和生產條件進行最優化的綜合調配。他們將現行的產品分工改為工序分工，以有效杜絕生產組織過程中的衝突現象，既提高了效率又節省了資源。

下料是生產過程中的第一道工序。由於工期緊，下料工段每天必須趕工處理幾噸重的鋼材和鋁板。為了確保後續工段的正常生產，該工段的三名女性員工和其他男同事一起，咬著牙每天堅持工作到深夜。鉗工工段的職員二十四小時輪班，並且每人都加班……奇蹟出現了，工廠不可思議地提前兩天完成了專案任務。

「這麼做究竟值不值得？」

員工們大聲回答說：「值得！」

機械廠僅僅用了二十八天的時間，便完成了平常需要近兩個月時間才能完成生產的任務，實現了建廠四十年來最大的成功。這家工廠的員工們共體時艱、同舟共濟，用一場漂亮的勝仗詮釋了「人心齊，泰山移」這個樸實的道理。只要團結起來，再大的難關也能跨過。

個人的發展離不開團隊的發展，個人的追求只有與團隊的追求緊密結合，並樹立與團隊風雨同舟的信念，才能得到真正的發展。在這個充滿個人主義，缺乏團結意識的時代，老闆越來越重視的，正是具有團隊意識的忘我型成員。

歌德曾說：「不管努力的目標是什麼，不管一個人想做什麼，單槍匹馬的力量總是不夠，合群永遠是一切善良思想的最高要求。」在現今這個時代，有才能的人從來不會缺貨，只有既有才能又能與團隊風雨同舟、榮辱與共的人，才是老闆心中的最佳人選。因爲那是團隊無堅不摧、戰無不勝的必要條件。

◆角色效應：坐在什麼職位，就扮演什麼角色

所謂角色效應就是每個人都扮演著不同的角色，角色不同，每個人所在的職位和地位就不同，以此類推，每個人的權利和義務也會不同。

在職場上，每個人都扮演著不同的角色。因為角色不同，直接決定了我們的職責不同。而要做好一個員工的本分，首先就要時刻清楚自己的身份，清楚自己的職位，不要做不該做的事，不要決定不該決定的事。對於長官的權力，時刻保持敬畏。

誰的鋒頭都可以搶，就是不能搶上司的鋒頭

把鋒頭都留給上司，不和上司搶鋒頭，這是在職場需要牢牢記住的潛規則。因此，聰明的下屬要學會遮掩自己的才華，以虔誠愚鈍來襯托上司的高明，藉此獲得上司的賞識和垂青。當上司提出新點子，可先裝作不理解，然後才大徹大悟，繼而拍手叫好。如果對某項工作有不同見解，可先不明說，私下再來獻計。絕不可當眾直言，讓長官覺得沒有面子。

在職場中，總會出現一些人，他們能力強、水準高、才華出眾，在公司有著傲人的業績和較高的地位。不過這樣的人往往很自負，對別人的想法和意見不屑一顧，對同事的態度也是盛氣淩人，甚至敢和上司一爭高低。尤其是當他們在公司有了較大的貢獻之後，常常會過分炫耀自己的功績，以至於蓋住了上司鋒芒。最後，這類人總是因爲過於耀眼奪目而被上司毫不留情的打入「冷宮」。從此，本來充滿希望的職業生涯便開始黯淡淒涼了。

有一位非常喜好奢華的國王。一天，財政大臣想討國王的歡心，決定策劃一場前所未有的壯觀宴會。顯赫的貴族以及偉大的學者們，都參加了這場特地為國王而舉辦的盛宴。劇作家甚至還為這次宴會寫了一個劇本，準備在晚宴時表演。

宴會之後，嘉賓們一起參觀財政大臣特地為國王修建的別墅、庭院和噴泉。財政大臣本人則陪伴著國王走過呈幾何圖形排列的灌木叢和花壇，欣賞煙花和戲劇表演。宴會一直延續到深夜，賓主盡歡，人人都認為這是他們見過最令人讚歎的盛事。

然而出人意料的是，第二天一早，國王便下令逮捕了財政大臣。幾個月後，這名財政大臣被控侵佔國家財產。事實上，他被指控的罪行全部都曾獲得國王的許可，但財政大臣還是被送上了斷頭台。一切都是因為國王太過傲慢自負，他希望眾人注目的焦點永遠是自己，無法容許任何人搶佔自己的鋒頭。

上司大多都不希望下屬的才能高過自己，就像俗語「武大郎開店——不請高人」的心態。剛剛這個故事就是告訴我們，財政大臣本以爲自己完美的策劃會受到國王的稱讚，但他忘記了一件很重要的事情，導致他的鋒頭蓋過了國王，招來殺身之禍。優秀而有實力的人來到一個工作環境裡，上司表面上對他倍加器重，私下裡卻憂心忡忡。上司所擔心的是自己某一日會不會被擠走。如果這個人平庸至極，他反而會高枕無憂。

與上司相處的哲學就是：該裝「笨」的時候不妨裝一下，以免上司覺得自己的地位受到威脅。因此，如果你渴望取悅他、令他印象深刻，就不要過分展現你的才華，否則就有可能產生相反的效果——激起他的畏懼和不安。

不要總是自以爲是，那樣只會爲你帶來更多的麻煩，招惹上司對你沒有任何好處。上司永遠是最優秀的，千萬不要讓你的光環蓋住他，你必須讓他成爲最引人注目的那一個，這樣你才會受到他的青睞。

越級報告講求的是技巧

一個員工的「越級」行爲，往往會引起直屬上司的懷疑、妒忌和不滿，進而影響正常的工作關係和人際關係。另外，更高層的管理者通常也不喜歡這種「越級」行爲，因爲它破壞了公司的正常秩序，也會爲自己帶來「麻煩」。即使到了萬不得已的時候，非要「越級」不可，那也要講究技巧，絕不可濫用。

在職場上的越級行爲多半以失敗告終。儘管很多企業表面上宣導文化開明，任何不同意見都可以暢所欲言。但實際發生過的情況中，對於越級申訴者而言，未來幾乎沒有誰願意重用一個曾經申訴過自己上司的人。職場中的越級申訴制度，多半只是有其預防告誡的作用而已，一旦有人真的決定申訴，就等於用自己的前途來和企業所維護的開明形象對賭，最後的贏家是誰很難說。

淑麗在一家有名的資訊公司工作，由於她勤奮努力，又能力出眾，所以才短短一年就晉升為人力資源部主管，在同期一幫好友中表現相當出色。

台強是淑麗的上司，他是個謹小慎微的人，平時做決定優柔寡斷，有時明明已經拍板定案，不久又會收回成命。前一陣子，淑麗為公司制訂了一個培訓計畫，在實施過程中，淑麗發現台強似乎並不願意向管理階層推薦她的計畫，淑麗催促數次後，台強才向上層提出報告。但從管理階層的反應看起來，台強完全淡化並誤導了淑麗的想法。

這個方案是淑麗經過長期準備，付出很大努力才完成的。淑麗認為這項計畫很好，幾近完美，所以絕對不容別人隨意修改，或者惡意破壞她的工作成果。

所以淑麗決定親自向上級報告。雖然她知道這是越級行為，不是很合適，但為了工作，她也管不了那麼多了。

但不幸的是，就在這件事發生一個月後，淑麗突然被調到了客服部，而且調動之前居然連溝通都沒有。客服部在公司裡一向很難有所表現，淑麗被調到那裡就等於降了職，一切從頭做起。淑麗知道這是台強故意「整」她，但也無可奈何。她思來想去，最後還是辭職了。

直屬上司台強是個謹小慎微、優柔寡斷而又朝令夕改的人，這點確實很讓人頭疼。

但就因爲他有這方面的問題，就可以在遇到事情的時候不向他請示，直接告到公司高層嗎？答案當然是否定的，淑麗的教訓足以說明這樣做的後果。

在任何一個社會裡，都存在著某種等級制度。在這種制度下，每一個等級範圍內的人都只能履行其分內的職責。同樣在職場中也有這樣的規矩，任何一個公司的組織機構都是按照一定順序逐級排列，而且是固定不變的。每一個員工都會有兩種上司，即直屬上司和更高層的管理者。一個員工通常只會在一定的範圍內爲其直屬上司服務並對其負責。言下之意就是說，如果這個員工越過直屬上司，直接找到更高層的管理者報告工作或提出建議和意見，就屬於「越級」行爲，這是職場中的大忌。

然而，由於這只是一種不成文的規定，或者說只是一種「潛規則」，所以總有一些人忽略、蔑視這種規則，甚至去觸犯它，最後嚐到了苦頭而悔恨不已。

永遠讓上司感覺到他比你優越

既然沒有一個長官願意自己的下屬越位，那麼在職場上，我們要安全地蟄伏，就得讓自己時時刻刻保持敬畏之心，時時刻刻記得自己正處在必須對長官保持敬畏的角色，更要敬畏長官手中握有的權力。

其實，員工和上司首先就是很現實的上下關係，越位就是對長官的冒犯。

小劉和小王都是基層工作人員，他們有一個共同特點，就是精明果斷，辦事能力頗強。但該部門的主管卻老愛拖拖拉拉，做事優柔寡斷。對此，心高氣傲的小劉早就頗有微詞。每次公司向該部門下達新的業務指令之後，主管總是反覆考慮，瞻前顧後，一直無法提出具體的計畫方案。小劉終於受不了了，決定直接向總經理提出自己的方案。另一廂，一向為人低調的小王則選擇跟主管一起商量，討論執行業務的對策。

在小王的啟發下，主管憑藉著多年累積的豐富實戰經驗，很快提交了一套同樣出色的報告。最終，公司採納了主管的方案。不久，主管獲得提升，小王在他的推薦下，接替了他的位子。怨氣沖天的小劉很快便離開了公司。

在很多情況下，主管的能力不一定比下屬強，但這不能改變主管與下屬之間的從屬關係。很多人認為把自己的聰明才智無私地奉獻給主管實在太冤大頭了，心理難以平衡。但事實是，只有主管得到提升，你才能有出頭之日。每回在緊要關頭你的及時提醒，都會讓主管更加倚重你，對你另眼相看。於是一有機會，你就會得到晉升。

相反地，如果你覺得長官無能就越位，那麼等待你的就很有可能是被開除的命運，畢竟沒有一個長官希望下屬不把自己當回事。

所以說，永遠讓上司感覺到他比你優越。在你渴望取悅他、令他對你產生深刻印象的同時，也不要太過火地展現才華，否則很有可能達到反效果——激起他的畏懼和不安，那麼他唯一的做法就是除去你而後快。

如果你能讓上司看起來比實質上聰慧，你就可以達到絕佳境界。如果你比上司聰慧，不妨表現出相反的樣子，讓他看起來比你聰明幹練。你可以故作天真，似乎更需要他的經驗。如果你的點子比上司更富創意，大可以公開將這些點子劃歸他名下，讓大家都看清楚，你的建議來自他的啓發，不要讓自己成爲遮蔽長官光華的那片烏雲。

「到位而不越位」必須抓準其中的「度」。在與上司的工作關係中，除了要擺正自己的位置，更重要的是把握好自己的職責範圍。分內的事情努力做好，分外的事不要輕易插手，尤其不可越權。

越權，企圖蓋過上司的鋒頭，在上司的上司面前表現自己，這種行爲只會嚴重損害自己與部門主管的感情，爲將來的晉升帶來難以逾越的障礙。因此，除非萬不得已，千萬不要越級。爲了防止自己越位，在工作場合中一定守好以下這些潛規則：

明確職權範圍

初入某一崗位，第一要事便是弄清楚自己日常扮演的角色，應當履行的職責，應當遵守的行爲規範。

分清「份內」和「份外」

在其位才謀其政。不屬於自己職責範圍之內，又關係公司存亡的事情，要謹慎做決定，連該或不該做決定，都要小心審度。當然，有些上司會下放某些權利，把本屬於自己職責範圍內的工作交給值得信賴的下屬。此時作爲下屬，一定要認真備至，全力以赴，發揮極限水準去做好。應當注意的是，必須由上司自己親自委派你時才做，一般情況下不要主動要求。以免上司認爲你插手太多，有越位之嫌。

不可輕越「雷池」

遇到自己不熟悉的工作時要多請示，否則小心不自覺造成越權行爲，好心沒好報。「雷池」不可輕越，萬事謹慎爲先。

蟹爪效應：在團體利益之前，先放下私利

「蟹爪效應」也稱「螃蟹效應」。釣過螃蟹的人都清楚，只要在竹簍中放入一群螃蟹，就算沒有蓋子，螃蟹也是爬不出來的。因為只要竹簍裡有兩隻以上的螃蟹，就會開始爭先恐後地朝出口處爬。但竹簍開口很窄，只要其中一隻螃蟹爬到開口，其餘的螃蟹就會用威猛的大鉗子抓住，然後拖到下層，另一隻強大的螃蟹則踩著被扯下來的螃蟹背部往上爬。如此循環往復，結果沒有一隻螃蟹能成功逃出生天。

螃蟹效應反映的是一種企業倫理，進而引申為不道德的職場行為。比如說：企業內有些成員目光短淺，只關注個人利益，忽視團隊利益，導致整個團隊逐漸喪失前進的動力。

如果你想做一隻只顧自己利益的螃蟹，那麼老闆肯定會用更尖銳的利爪鉗住你，讓你毫無機會。相反地，如果你能把團體利益放在第一位，最後好處一定會有你一份。

忠於老闆，就是為自己爭取利益

員工的角色就是爲公司爭取利益，而不是爲自己爭取利益。當公司與個人利益發生衝突時，千萬不要爲了私利而將公司的利益置之度外。因爲背叛老闆等於背叛自己，忠於老闆就是在爲自己爭取利益。

有一個叫羅格的技術開發員很意外地被裁員了。他的薪資一直都比較低，沒有什麼積蓄，這樣一來，全家人的生活頓時陷入了困境。

在他剛失業的前幾天，一連接到了三通奇怪的電話。

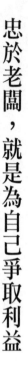

電話裡的人自稱是他原來上班那家公司的競爭對手，他希望羅格願意提供一些前公司的機密。而他則可以提供羅格一份工作機會作為回報，或者給羅格十萬美元。第二通電話將報酬提高到二十萬美元，第三通甚至提高到五十萬美元。

羅格謹守自己的原則，也為了對公司負責，寧願四處告貸維持家庭開支，也不願意接受電話裡的要求。

然而，一個星期後，羅格很意外地被通知去上班，老闆把代表公司最高榮譽的忠誠獎章頒給了他。不只如此，老闆還給了他一份聘書，聘任他為公司技術開發部經理。

原來那三通電話都是老闆安排人打的，根本不存在什麼競爭對手，那不過是晉升前的一項考察而已。

當你面對種種誘惑——尤其是金錢與名利的誘惑時，如果能抵擋住，你的前程就可能會很光明。羅格之所以被升職，正因爲他選擇了忠誠而非背叛。無論何時，都要忠於公司，忠於老闆，只有這樣，別人才能因爲我們的誠信而靠攏過來，給予我們更多的重視和青睞。

彼得是一家網路公司的技術總監。由於公司改變了發展方向，他覺得這家公司不再適合自己，決定換一份工作。以彼得的資歷和在資訊業的名望，以及多年累積的實力，找份工作並不是件困難的事情。多年來一直有很多家企業來接觸他，甚至曾試圖挖走彼得，都沒成功。這一次，彼得自己想離開了。各家企業都提出了令人心動的條件，但是在優厚條件的背後總是隱藏著一些東西。彼得知道這是為什麼，但他不能因為優厚的條件就背棄自己一貫的原則。所以彼得拒絕了很多大公司的邀請。

終於，他決定到一家大型企業去談技術總監的職位，這家企業在全美乃至全世界都有相當的影響力，很多資訊業人士都希望能到這家公司來工作。和彼得進行面試的是該企業的人力資源部主管和負責技術方面的副總裁。他們對彼得的專業能力並無挑剔，但是卻提到一個使彼得很失望的問題。

「我們很歡迎你到我們公司來工作，你的能力和資歷都非常不錯。我聽說你的前公司正在著手開發一個適用於大型企業的新型財務應用軟體，據說你提了很多非常有價值的建議。我們公司也在策劃這方面的專案，能否透露一些細節呢，你知道這對我們很重要，而且這也是我們看中你的原因之一。請原諒我說得這麼直白。」副總裁說。

「你們問的這個問題令我很失望，看來市場競爭的確需要一些非正常的手段。不過，我也要令你們失望了。對不起，我有義務忠誠於我曾任職的企業。即使我已經離開，但不管在任何時候，我都必須這麼做。與獲得一份工作相比，守信與忠誠對我而言更重要。」彼得說完就走了。

彼得的朋友都替他惋惜，因為能到這家企業工作是很多人的夢想。但彼得並沒有因此覺得扼腕，他為自己所做的一切感到坦然。沒過多久，彼得收到了來自這家公司的一封信，信上寫著：「我們決定邀請你來上班，不僅因為你的專業能力，還有你的忠誠。」

一位成功的企業家曾經說過：「當你周圍的人們通過種種欺詐手段或不忠行爲得到暴富，而其他人都對這些暴富者搖尾乞憐，一心向上爬的時候，你必須保持自己的尊嚴和清白，不要同流合污。當有的人靠著阿諛奉承換來成就的時候，你要善於保持內心的寧靜，不要因他人的成就而痛苦。當你見到有些人爲了名利像狗一樣爬行的時候，你要能頂住世俗的壓力，敢於特立獨行，出淤泥而不染。要修煉成品德高尚的人，因爲品德高尚的人會憑藉自己忠誠的責任心去制勝。具有忠誠原則的人爲了不失職，即使犧牲自己的利益也在所不惜。」

如果你爲一個人工作，那就盡心工作，全力支援你所代表的機構，不能三心二意，也不能陽奉陰違，不然就乾脆別做。忠誠於你的老闆，控制自己的情感，就是在爲自己爭取更大的利益。

在老闆面前要「先做事後做人」

我們經常會遇到一種情況：你本應站在團隊的立場上說出自己的想法和見解，或是應該從團隊的利益出發來實現某些目標。然而，只因為你的立場和目標可能會改變團隊長期存在的習慣，甚至會觸犯某些人的既得利益，所以你不得不放棄自己的立場，取消預定的計畫。甚至，可能你自己就是那個不願失去現有利益而反對某些好計畫的人。其實，無論是被動的妥協還是心甘情願的默默接受現實，都算不上是優秀員工的行為。

優秀的員工應該時刻把團隊的利益放在第一位，並且為了公司著想，堅決說真話。

一位知名地產公司的銷售總監講述過一個真實案例：

一次，他召開經理級業務會議時，提起最近發現部分業務謊稱已完成客戶拜訪日程的現象，他問眾人：「我聽說最近有些業務聲稱完成了客戶拜訪日程，事實上卻沒有，這是不是真的？」

大家都怕得罪同事，怕影響到今後的關係和利益，雖然明知確實有人這樣做，並且連拜訪記錄都作假，但就是沒人敢說。只見會議中，有的人回答沒有，有的說這是謠傳，有的則低頭不說話。

事實上，銷售總監根本不期望有人會真正指出這個問題。沒想到小孫站出來說：「的確有業務作假。銷售一部的小李記錄在拜訪日誌上的顧客，我曾經也拜訪過，對方表示近期並沒有本公司的銷售人員拜訪過他。」

大家聽完後都為小孫捏了把汗。小李是銷售一部經理任先生的愛將，當然任經理怕小李的失職對自己不利，馬上辯解道：「我瞭解小李的為人，我想這應該只是拜訪日誌不小心寫錯而已。」

小孫似乎還想說些什麼，但總監把話題引開了。其實，總監早就瞭解過事實，只是不願把事情弄得太複雜，才不再追問下去。

但小孫的誠實，還有他以公司利益為優先的精神，卻在總監腦海裡留下很深的印象，不久他就獲得提拔了。

總監強調，凡事首先不該顧慮「這樣做會得罪誰」，而應該考慮「怎樣做才有利於

團隊」。這就是小孫的精神。而任經理首先想到的卻是「如何才能夠推諉責任」，而不是「事實的真相究竟爲何」。

身爲一個團隊成員，處在任經理的處境時，首先應該表明態度，說明自己對此事目前的瞭解，哪裡可能產生問題，並表示會馬上進一步著手處理，確認屬下的態度是否存在誠信問題。

一般情況下，大部分成員都能夠做到以團隊利益爲先，但是當團隊的利益與個人利益發生衝突，或可能爲自己帶來潛在損失時，你是否還能夠堅持以團隊利益爲先？

讓我們來看看以下這一家知名公司的使命宣言：

我承諾，即使團隊利益與個人利益相衝突，我仍然站在團隊的立場，把團隊利益放在第一位。

如果發現團隊存在問題，或對某項措施有欠妥當，我能夠及時將問題向有關部門反映，而不是首先顧及是否觸犯他人利益。

如果團隊中其他成員的言行觸犯了我的利益，只要他的出發點是以團隊利益為先，我將表示理解，並誠懇地採納相應的建議。

我願意積極推動各種有利團隊發展的變革，無論這些變革是否與我個人利益相衝突。我相信首要的問題是團隊應該朝什麼方向發展。其次才是在變革中，我有能力獲得什麼樣的機會。

可怕的不是失敗，而是逃避的心態

正面思考系列 38

生命是一次次蛻變的過程，唯有經歷各種各樣的折磨，才能增加生命的厚度。一個學會感謝折磨的人，終將發現一個心想事成的自己。也許在別人眼中，苦難、挫折和失敗如洪水猛獸，但在他們眼中卻自有美好之處，也正是經歷了這些，他們的人生才變得與眾不同。

「幸福並非來自生命的過程，而是來自你對生活的態度。」

折磨你的事不一定都是壞事

正面思考系列 39

安逸使人忘憂，緩慢漸進的危險是最危險的。
有人說，沒有風暴，再結實的船帆只不過是一塊破布；沒有坎坷，再優秀的人才只不過是紙上談兵。歷史教導我們，逆境是成功路上的真實考驗，而在遇到順境的時候，應該視之為夢幻。順境本應該是一個人成功的助力，沉迷於順境的人最終將會被順境這個隱匿的敵人所擊敗。

從零開始也是一種幸福：不靠爸哲學

正面思考系列 40

當我年輕的時候，我夢想改變這個世界。當我成熟以後，我發現我不能夠改變這個世界，決定改變我的國家。當我進入暮年以後，我發現我不能夠改變我的國家，我的最後願望僅僅是改變一下我的家庭。當我躺在床上，行將就木時，我突然意識到：如果一開始我僅僅去改變我自己，然後作為一個榜樣，我可能改變我的家庭；在家人的幫助和鼓勵下，我可能為國家做一些事情。然後，誰知道呢？我甚至可能改變這個世界。

浩克抓狂控制術

贏家系列 9

不要忽視情緒的力量，請察覺每一個情緒背後的意義，它可能是死神的召喚，更可能是改變命運之門的鑰匙。

一個人的心態就是一個人真正的主人，要麼你去駕馭生命，要麼是生命駕馭你，而你的心態將決定誰是坐騎，誰是騎師。

不抓狂的情緒控制術

贏家系列 10

有時候，明天的煩惱往往是人們誇大想像出來的！

如果想要讓自己過得輕鬆，就不能預支明天的煩惱，不想著要早一步解決掉明天的煩惱，而是應該努力把握好今天。等煩惱來了，再去考慮也不遲。

感情世界經濟學

贏家系列 11

害怕一個人的孤單，又不捨得一個人的自由

愛情是一筆應收帳款，賒銷是基於對對方的信任。

剩女時代來臨。

她們通常有較好的相貌、體面的工作和穩定的物質生活。有人說她們患有愛情麻痺症，是一群不願和婚姻和解的女人。因為「高」，所以「剩」。其實只要好好把握，她們可是無「嫁」之寶。

謝謝您購買 算你狠！職場心理學控術 這本書！

即日起，詳細填寫本卡各欄，對折免貼郵票寄回，我們每月將抽出一百名回函讀者寄出精美禮物，並享有生日當月購書優惠！

想知道更多更即時的消息，歡迎加入"永續圖書粉絲團"

您也可以利用以下傳真或是掃描圖檔寄回本公司信箱，謝謝。

傳真電話：（02）8647-3660　　信箱：yungjiuh@ms45.hinet.net

☺ 姓名：　　□男　□女　　□單身　□已婚

☺ 生日：　　□非會員　　□已是會員

☺ E-Mail：　　電話：（　）

☺ 地址：

☺ 學歷：□高中及以下　□專科或大學　□研究所以上　□其他

☺ 職業：□學生　□資訊　□製造　□行銷　□服務　□金融
□傳播　□公教　□軍警　□自由　□家管　□其他

☺ 您購買此書的原因：□書名　□作者　□內容　□封面　□其他

☺ 您購買此書地點：　　金額：

☺ 建議改進：□內容　□封面　□版面設計　□其他

您的建議：

廣告回信
基隆郵局登記證
基隆廣字第 57 號

新北市汐止區大同路三段一九四號九樓之一

大拓文化事業有限公司收

請沿此虛線對折免貼郵票，以膠帶黏貼後寄回，謝謝！

想知道大拓文化的文字有何種魔力嗎？

- 請至鄰近各大書店洽詢選購。
- 永續圖書網，24小時訂購服務
  www. foreverbooks. com. tw
  免費加入會員，享有優惠折扣
- 郵政劃撥訂購：
  服務專線：(02)8647-3663
  郵政劃撥帳號：18669219